映画でワイン・レッスン

青木冨美子

Contents

Contents

表紙撮影
帆足侊兀（ピークス株式会社）

装丁・本文デザイン
ピークス株式会社

まえがき

その映画館は東京の下町にあった。

映画を初めて観た場所である。そこで根づいた〝映画の芽〟は、歳月と共に少しずつ成長していった。そして〝ワイン〟という魅力的な飲み物との出会いによって、いま本書で素敵な〝実〟をつけた。40年以上の熟成を経て……。

園児の頃から、映画館通い

〝観ますか〟をもじって名づけられた「ミマス館」は、自宅と幼稚園の真ん中にあった。その頃の私は……スキップをすると右手と右足が同時に出てしまう情けない運動音痴。無口で恥ずかしがり屋の幼稚園児だった。でもミマス館だけにはひとりで入り込むことができた。子供好きのおじさんがいたからだ。彼の仕事はチケット切り。私は新井さんと呼んでいた。

幼稚園からの帰り道、映画館の窓口を覗いては、おじさんがいるかをどうかを確かめた。新井さんの「観ていくかい。入っていいよ」という声を聞くか聞かないうちに、スルリと館内にもぐり込む。ここは邦画専門の映画館だった。大きなスクリーンの前で、綺麗な着物姿のお姫様が弾くお琴の音色にウットリし、悪者をバッタバッタと切り捨てる若侍にドキドキした。ちっぽけでただ物静かなだけのひとりの園児が、映画館の中では活発なヒロインに変身できたのだ。

当時の下町には『男はつらいよ』に出てくるような大人たちが大勢いた。他人の子であれ自分の子であれ、悪さをすればビシビシ叱る人たちだ。彼らは地域の子供たちの遊ぶエリアをだいたいつかんでいた。幼稚園児がひとりで映画館に出入りできたのも「あの子はどこの子か」がわかっていたからなのだろう。時間がのんびり流れていた1950年代のことである。

私の子供時代を語るうえで欠かせない、大切な1本の映画がある。ジュゼッペ・トルナトーレ監督の『ニュー・シネマ・パラダイス』である。この映画を初めて観た時、映画の中に幼い頃の自分を見つけて妙に懐かしくなってしまった。

舞台は「パラダイス座」。シチリア島の小さな村にある映画館だ。サルバトーレ少年（サルバトーレ・カシオ）と映写技師のアルフレード（フィリップ・ノワレ）は親子以上に年が違う。ふたりには〝映画〟という強い絆があるから、年齢差なんて関係なしだ。少年は映写室に入り込んでは、アルフレードの技術を盗み見していた。ある日、アルフレードは野外上映の工夫をして村人たちを喜ばす。ところが熱し過ぎたフィルムから出火し、映写室は火の海に。サルバトーレは間一髪のところで彼を救い出す。しかし、アルフレードは大事な視力を失ってしまう。サルバトーレは尊敬する師に代わって技師として働くようになる。成長した彼は、やがて小さな村を出て……。

30年ぶりに帰郷したサルバトーレが廃墟と化した「パラダイス座」を前に愕然とするシーンがある。足立区の千住にあった「ミマス館」も何十年か前に取り壊されてしまった。私は彼ほど感傷的にはならなかったが、〝古き良き時代〟が終わってしまったことだけはハッキリと理解できた。

スクリーンのヘプバーンを真似て

もうひとつ、私の好奇心を刺激していたものがあった。洋画のプログラムである。運び屋は年齢差が18歳もある姉だ。彼女は映画を観た後、必ずと言っていいほどプログラムを買ってきていた。これらによって当時最新の洋画の存在を知ることができたのはラッキーだった。

部屋に無造作に積まれたプログラム。それはオードリー・ヘプバーンの『麗しのサブリナ』だったり、ヴィヴィアン・リーの『風と共に去りぬ』などで、スリムなヘプバーンや、ウエストをギュッと締めたロングドレス姿のリーの写真は衝撃的だった。幼い私にとってそれらを手にすることは塗り絵をする時のワクワクとした気分と重なり、プログラムは大切な宝物になっていった。

1950年代は、素晴らしい「名画」が数多く公開されていたようだ。『風と共に去りぬ』や『天井桟敷の人々』が1952年、ヘプバーンの人気を不動のものにした『ローマの休日』は1954年。同じ年に『麗しのサブリナ』が初上映され、翌年にはサブリナパンツが大流行したという。私も姉がヘプバーンを真似て、サブリナパンツとレースの手袋で気取っていた姿を何となく覚えている。子供心にいつか真似したいと思っていた。

映画の芽が確実に育っていた頃の私のお気に入りはフランス映画だった。パリの風景に憧れた。フランス語の響きにも魅せられていた。極めつきはジェラール・フィリップの美しさだった。彼を一目見てビックリした。「こんなに綺麗な人がいるのか」と。長い睫毛と端正な顔立ち、ノーブルな雰囲気を漂わせた男優である。塩野七生さんは『人びとのかたち』(新潮文庫)の中でこう書いている。「銀幕の主人公たちをアメリカではスターと呼ぶ。イタリアではディーヴォとかディーヴァと言って〝神的な人〟を意味する。神のごときとなると、どうしたって上背のあることが求められるのではないか。(中略)ファンたちに囲まれても埋まってしまうようでは、星でも神でも不都合はまぬがれないのかもしれない」と。だとすればジェラール・フィリップはまさしくスター中のスターと言えるだろう。長身でスラリとのびた手脚は美しく、今時の男性モデルに負けないくらいのスタイルだ。以前、ワインと映画の師である福西英三氏から「学生の頃、渋谷の映画館でフィリップの『肉体の悪魔』を観たよ」と伺ったことがある。リアルタイムでご覧になったというから1952年のお話だ。私が最初に『肉体の悪魔』を観たのは確かテレビだったと思う。それ以降、ジェラール・フィリップの『肉体の悪魔』は、タイトルと共に心に強烈に残った。

30代の普通の主婦から学生に転身して

蓄積していたものを行動に移す日がやってきた。

ひとり息子が国立附属の小学校に合格した頃のことだ。彼の受験勉強の相手をしながらひそかに思っていたことがあった。「もう一度勉強しようかな。やっぱり『肉体の悪魔』かな」と。その気持ちは次第に強くなっていった。「勉強しなさい」を連発する親だけにはなりたくなかった。そのためには自分自身が努力しなければ……。私も頑張ってみよう。そのほうが言葉で言うより百倍説得力があるのだから。

1980年代に入り、私は主婦兼母親、そして学生の身分になった。30代で学割。映画も学生気分で観られるのは最高だった。周囲からは「大変でしょう」とよく言われた。でも〝適当に手を抜く〟ことでクリアできた。これは今でも私のポリシーになっている。試験直前に電話をかけてきて出題範囲を聞いてくるお調子者の学生もいたが、ひと回り以上も年の違う若い仲間のエネルギーは私にたくさんの元気をくれた。『おいしい映画でワイン・レッスン』の初版が出た頃には愚息もすでに大学生になっていた。彼の通っていた芸大にも結構復学組がいたようだ。息子の若いエネルギーが彼らの役に立っていたとすれば、愚息を通して恩返しできたようなもの。時代は繰り返している。

私の卒論は待望の「レイモン・ラディゲ論」。その背景にあったのは優雅な「ジェラール・フィリップ」の存在である。ラディゲの小説『肉体の悪魔』が映画化され、主役を演じたジェラール・フィリップ。多分にミーハー的だったと思うが、彼の華麗な姿が私に与えた影響は大きい。実は映画『肉体の悪魔』にもワインの〝重要なシーン〟がある。ブルゴーニュ地方の銘醸赤ワイン「ポマール」が登場するのだが、それに気づいたのは卒論完成後のことである。なぜって、それまでワインを知らなかったからだ。

ワインのイロハを学んで、プロの道へ

ここから私に大きな転機が訪れる。

学業を終え、少しずつ社会復帰しようと思っていた時、大手洋酒メーカーの募集記事に目がとまった。ワイン担当者を募集していたのだ。アルコールは嫌いではなかったが、特に強いというわけでもない。それにワインはドイツの甘口タイプしか飲んだことがなかったのだ！　とは言え、未知の世界には興味があった。ワイン＝フランスという単純な連想と、何年か従事すればワインアドバイザーの資格試験に挑戦するチャンスが与えられると聞いて即応募した。ワインのイロハを一から学びながら、さらに月に1回ワインの勉強を続けていくという願ってもない研修があり、ワインの世界の奥深さを知るようになる。テイスティングの仕方も知らなかった私が、少しずつワインに慣れていった。

仕事は首都圏の大手酒販店へのワイン販売や、酒販店主を対象にしたワイン勉強会の企画推進である。ワインを勉強しながらワインの仕事をし、お給料をいただくというリズムは快感で、ワインアドバイザーの資格を取得したい気持ちは、やる気の元になっていた。

その後、ワインの世界にどっぷりつかっていた私の中にまたひとつ、新しい夢が膨らみ始めた。それはワインをわかりやすく伝える本をいつの日か書いてみたいという思いだった。ワインのある生活はそんなに気取ったものではないし、難しいものでもない。知識や飲んだ量ではなく、もっと大切なことがあるはずだ。どうすれば本当に素晴らしいワインの魅力を伝えられるのだろうか。日本でもワイン人口は確実に増えているのだから……。

そして、ここでも私を助けてくれたのが映画だった。『フレンチ・キス』だ。愛くるしいメグ・ライアンの魅力あふれるこの映画の中に、ワインをテイスティングするシーンが出てきたのだ。それを観た瞬間、〝これだ！〟と直感した。

さっそく、ワインのシーンを確認できる映画を片っ端からチェックすることにした。幼い頃からの記憶も少しだけ役に立った。ただワインが登場するシーンは何となく覚えていても、きちんとした記録を取ってはいなかったのでビデオで再チェックする作業が続いた。ビデオを観るのは一日に3本が限度。映画を単純に楽しむのと違って、そのシーンのセリフを聞き取ったりするのは時間がかかるのだ。目が極端に疲れるから肩凝りも出る。年寄りになった気分だった。

また、1998年の1月から12月まで、女性誌で「ワインが光るワンシーン」というタイトルの連載を執筆するチャンスに恵まれた。夢に一歩近づくことができたのだ。ページを飾ってくださったのはイラスト界の大御所、宇野亜喜良氏である。彼が俳優さんたちの顔を描くため、アップの写真が必要だった。印刷会社の一室にこもり、映画の中のワインと俳優さんをクローズアップしたプリント作業が始まった。5～6本のビデオの確認作業をすると、アッという間に時間が過ぎてしまう。冬の寒い日、午後1時くらいから夜の8時頃までぶっ通しでビデオを見続けたこともある。印刷会社の技師さんたちも根気よく付き合ってくれた。まさに感謝、感謝の出来事だ。

新着映画をチェックする必要から、映画会社の宣伝部とのお付き合いも広がった。この頃は洋酒メーカーを退職し、ワインのフリーライターとして働いていたので、フリーゆえの苦労も実感した。ある時、大手配給会社に「試写会リストへの登録」をお願いしたところ、先方から「面接をします」という連絡が入った。今までの資料をしっかり抱え、指定された場所まで出向いて担当者と会い、OKをもらったこともある。大変と言えば大変だが、好きなワインと映画のためならどこにでも行けるのだ。

映画には数多くのワインが登場する。豪華なパーティでシャンパンを楽しんだり、疲れを癒すために飲んだり……。時には殺人の後に一杯なんていうこともある。

たとえば『ディスクロージャー』では、やり手の女主人公メレディス（デミ・ムーア）が部下のトム（マイケル・ダグラス）を誘惑するために、カリフォルニアの白ワインを準備して罠を仕掛ける。ところが彼に拒否され、彼女はトムを逆にセクハラで告訴してしまう。調停の場面、このシーンで大活躍するのが「パルメイヤー・シャルドネ1991」である。トムのために用意したせっかくのワインが、メレディスの足を引っ張ることになって……。

私の大好きな映画『カサブランカ』にも、意味のあるシャンパン「コルドン・ルージュ・ブリュット」が登場する。パリがドイツ軍によって陥落するというその日、リック（ハンフリー・ボガート）が恋人イルザ（イングリッド・バーグマン）に向かって〝君の瞳に乾杯！〟と言って飲む、あのシャンパンである。ドイツ出身のマム兄弟によって興されたマム社の「コルドン・ルージュ」は爆発的なヒット商品になるが、それが災いして……。

映画では、小道具であるワインの存在が重要な〝キー〟になっているのだ。

『ニュー・シネマ・パラダイス』の少年サルバトーレは映画の世界に生き、30年経って監督として名を成した。下町の小さな映画館で映画の楽しさを知った私は、映画をベースにしながら〝ワインの伝道〟をしていけたら最高だと思っている。

なぜなら〝おいしい映画〟には素敵なワインがたくさんあるからだ。

第 1 章

Champagne

シャンパーニュ

シャンパンと映画のお洒落な関係

「人生は贈り物。ムダにはしたくない。どんなカードが配られても……、それも人生。毎日を大切に」

シャンパンを飲みながら、映画『タイタニック』で主人公のジャック（レオナルド・ディカプリオ）が語る。タキシード姿でバシッと決めた、あのシーンである。

シャンパンが登場する映画は多い。そして名画も多い。

仮に貴方が映画通でなかったとしても、イングリッド・バーグマンやオードリー・ヘプバーンといった往年の美女たちがシャンパン片手に華やいでいるシーンのひとつくらいは思い出せるはず。シャンパンの弾けるような泡立ちやシャンパンのもつ高級なイメージは、昔も今も映画の世界で欠くことのできない存在になっている。

泡が含まれているだけで飲む人の気分を陽気にさせてしまう不思議な飲み物、シャンパン。たかがシャンパン、されどシャンパン。

France
[フランス]

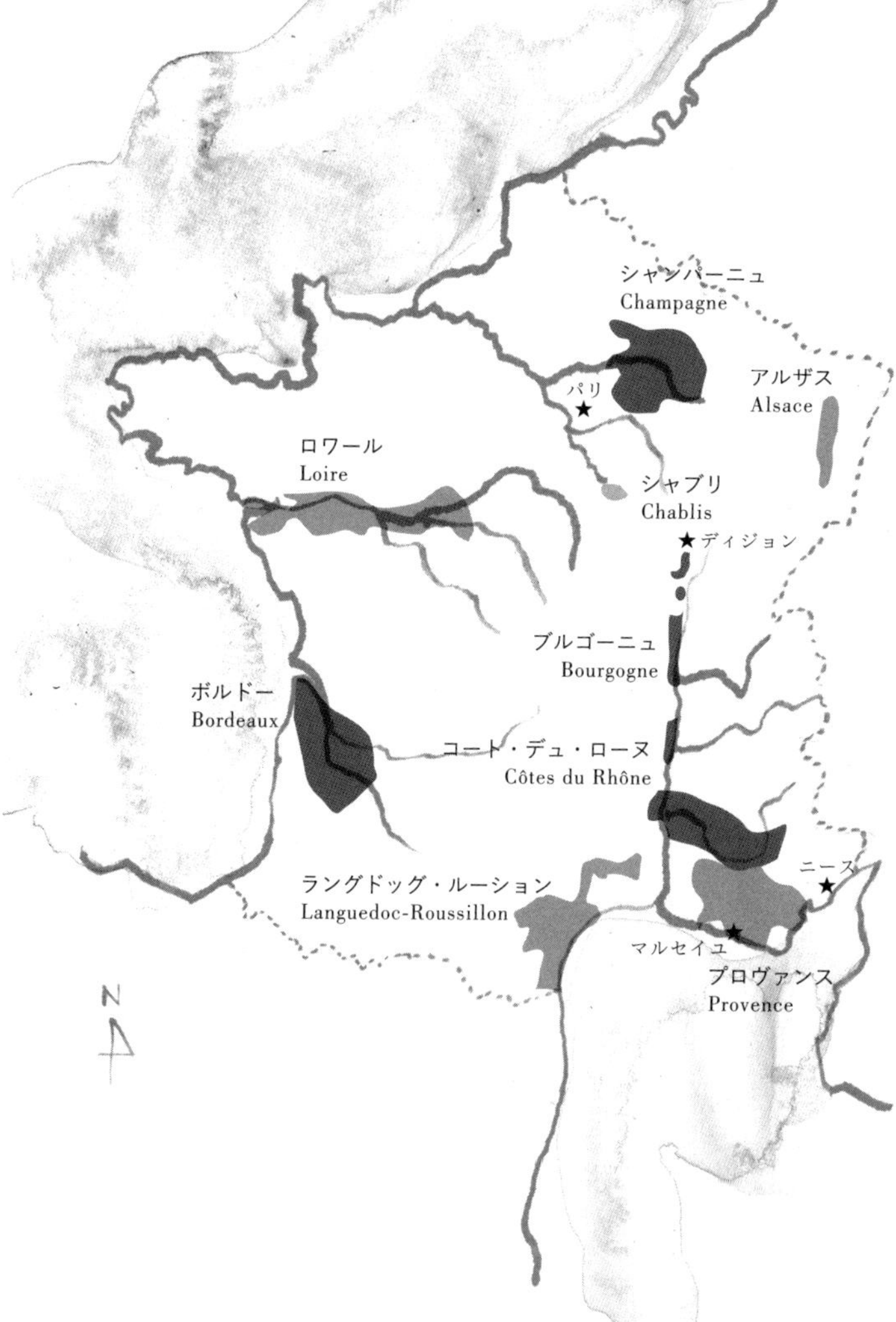
シャンパーニュ
Champagne
パリ
アルザス
Alsace
ロワール
Loire
シャブリ
Chablis
ディジョン
ブルゴーニュ
Bourgogne
ボルドー
Bordeaux
コート・デュ・ローヌ
Côtes du Rhône
ニース
ラングドッグ・ルーション
Languedoc-Roussillon
マルセイユ
プロヴァンス
Provence
N

17世紀のこと。シャンパーニュ地方でワイン造りに励んでいた修道院の酒庫係が何種類ものワインをブレンドして造り出したのがシャンパンだった。ただ、最初のうちは〝泡〟のないワインで、〝泡〟が加わったのはその後の偶然。カーブ（貯蔵庫）に寝かせていたワインが春になって瓶内で発酵してしまい、開けてみたら泡ができていたという話だ。そんな偶然が今日のシャンパンを生んだというわけである。

ただし、世界で最初に泡入りワイン[※1]を楽しんだのはイギリス人だった。17世紀のイギリス、チャールズ2世の統治下だ。当時はシャンパーニュ地方産のワイン（非発泡）を樽で輸入して、それを瓶に詰め替え、発泡性のワインにして楽しんでいたようだ。瓶の発明がフランスより一足早かったイギリスならではのことだ。

シャンパン造りに貢献した修道僧は「ドン・ピエール・ペリニヨン」。ルイ14世と同時代の人で、ブレンド技術に優れていたことで知られている。彼の名前はモエ[※2]・エ・シャンドン社（以後モエ社）の最高級銘柄名として世界的に有名である。

※1　泡入りワインが流行したのはイギリスで1660年代、フランスでは1680年代後半。

※2　1743年創業の格式あるシャンパン・ハウスで、かのマダム・ポンパドールやナポレオン1世などの著名な顧客をはじめとして、世界の王室からも愛されている名門。また、モエ ヘネシー・ルイ ヴィトン（LVMH）は多角経営でも有名。

『タイタニック』の中で、ディカプリオが魅せられたシャンパン

1998年、映画史上類を見ない超ロングランの記録を作り、多くの話題を振りまいたジェームズ・キャメロン監督の『タイタニック』にも、シャンパンは乗船していた。「ブリュット・アンペリアル」がソレである。

実は、映画『タイタニック』をスクリーンで観た時、ボトルを包んでいるリトー（ソムリエのサービス用白布）が邪魔でシャンパンの正体がわかりにくかったのだが、思いがけない形でそれが解決することになった。タイタニックと一緒に沈みそうになっていた私に助け船を出してくれたのは、モエ社の醸造責任者であるジョルジュ・ブランクだった。

来日中の彼が「『タイタニック』にうちのシャンパンが出ていたのですが、気づかれましたか？」と質問してきたことがきっかけだった。「一カ所だけラベルが見えるシーンがあります」とのアドバイスはとても心強かった。早速ビデオで確認、そして発見。キャメロン監督が巨額の資金をはたいて作り出した豪華客船の中で、

タイタニック
1997年・米／ジェームズ・キャメロン監督／レオナルド・ディカプリオ、ケイト・ウィンスレット　問：20世紀フォックス ホーム エンターテイメント　1890円　

日夜飲まれていたシャンパンのベールを剥がすことができたのである。

貧乏画家のジャックはタイタニック号に乗り合わせているローズ（ケイト・ウィンスレット）に心惹かれる。身分違いの恋、彼女には金持ちのフィアンセもいた。強制的な結婚に反発していたローズはある日、船から身を投げようとする。しかし、偶然その場に居合わせたジャックの機転で彼女は救出される。命の恩人への報酬、それは〝晩餐へのご招待〟だった。

正装したジャックはディナー・ルームに通じる階段の下に立っている。大勢の金持ちが集う場所。あたりの様子を見ながら、紳士気取りのジェスチャーをしてみるジャック。ローズのフィアンセが彼女の母親を伴いやってくる。しかし、ジャックには気づかない。目ざとくジャックを見つけるローズ。照れ臭さを隠しながら階下で彼女を待っていたジャックは、ローズの手を取り、うやうやしくキスをする。3時間を超える上映時間の中でディカプリオが見せてくれた一番お洒落なシーンだ。彼はローズと新興成金の妻をエスコートしながらディナー・ルームに入っていく。放浪生活を送る彼にはタキシードの持ち合わせなどなかった。その手助けをしてくれたのが新興成金の妻だ。彼女は息子のために用意してあった衣装をジャックに貸してくれた。金持ちたちは成り上がり者や貧乏人を見下している。高慢な態度を露骨に示す彼らと同席するジャックの肩身が狭くならないように、彼女は救いの手をさしのべてくれたのだ。

落ち着いた態度のジャック。ウエイターが彼に聞く。

「キャビアは？」

「要らない。キャビアは嫌いでね」

その日暮らしのジャックにとって、正装してのディナーは初めてだった。キャビアに続いて登場したのはシャンパン。キャビアとシャンパンは料理の組み合わせの定番だ。シャンパンはキャビアの塩分とよく合い、口の中に広がる脂分をうまく洗い流してくれる。ウエイターたちはボトルをリトーで包み、各人に飲み物をサービスしていく。

ジャックを嫌うローズの母親は、

「根なし草暮らしに満足なの？」

と彼に問いかける。

テーブルマナーなど知らないジャックは配られたパンを〝丸かじり〟しながら、

「満足です。必要なものは揃っています。健康な体とスケッチブック。朝、目を覚ますと、また未知の一日が始まる。何が起こるか。

橋の下で眠ることもあれば……、今のように世界一の豪華客船で、素敵な皆さんとシャンパンを飲んだり。(ウエイターに)シャンパンをもう少し。

人生は贈り物。ムダにはしたくない。どんなカードが配られても……、それも人生。毎日を大切に」

と、あのセリフ。

そして、ローズの言葉が続く。

「今を大切に」

タイタニック号[※3]でローズと出会った4月10日から劇的な死に至るまでの数日間の彼を見ていると、「人生を贈り物」と考え、毎日を大切に生きていたことがよくわかる。ジャックは冷たい海の中でローズを必死にかばいながら冷えきって絶命し、海底に沈んでしまうが、〝その日を精一杯に生きた最高に幸せな男〟であったことは間違いない。101歳でも元気なローズから、いまだに愛されているのだから。人生折り返し地点を過ぎてしまっている私などは、これはハッピーエンドでなかった

※3 タイタニック号は1912年4月15日、真夜中の2時30分に沈没した。乗員・乗客2224名のうち、1500名余りが死亡。

から良かったのであって、その後結婚していたら……なんて余計なことを考えてしまう。

ディナーの席で使われていたシャンパングラスは、われわれが結婚式の時によく見かける「クープ型」で、デザート用の容器に似た形である。クープ型は安定感があるので、何よりサービスがしやすい。また、お客様、特に首のシワを気にする女性たちが顎を上げなくても飲めるという大きなメリットがある。日本の皇室では今でもこのクープ型が使われているようだ。一方、デメリットは、せっかくのシャンパンの気泡が見えず、すぐ消えてしまうことである。グラスの口が広いので、香りもわかりにくい。パーティなどでは重宝しても、シャンパン本来の味わいや香りを楽しむ時にはおすすめできない。

さて、何が起こるかわからない人生。世界一の豪華客船でシャンパンを飲むこともあるのだ。ジャックがお代わりした「ブリュット・アンペリアル」は、モエ社のスタイルが最もよく出ているノン・ヴィンテージ・シャンパンである。〝マイルドな〟スタイルのシャンパンだ。「ブリュット・アンペリアル」のブリュットとは「生

✣ **モエ・エ・シャンドン・ブリュット・アンペリアル**
Moët et Chandon Brut Impérial
シャンパン界で第1位の実績を誇る輸出業者モエ・エ・シャンドン社の看板シャンパン。素材としてのブドウそのものを尊重した自然でマイルドなスタイルが特徴。問：MHDディアジオ モエ ヘネシー 5985円

一本」の意味をもつ。スパークリングワインのラベルにブリュット[※4]という表示があれば「辛口」だと理解すればいい。シャンパンはワイン[※5]製造の違いで分けるとスパークリングワインの仲間になる。スパークリングワインは「発泡性ワイン」と訳されているが、泡立つワインのひとつがシャンパンなのである。シャンパンは規定が厳しく、フランス[※6]のシャンパーニュ地方で造られるスパークリングワインだけに認められている名称だ。シャンパーニュ地方以外で造られる発泡性ワインはシャンパンとは呼べない。

恋するジャックが束の間楽しんだ「ノン・ヴィンテージ・シャンパン」とは？

シャンパンには収穫年表示のない「ノン・ヴィンテージ[※7]・シャンパン」と、収穫年が入った「ヴィンテージ・シャンパン」、さらに極上の「キュヴェ・プレスティージ・シャンパン」の3つのクラスがあるが、ジャックが楽しんだのはノン・ヴィンテージ（以後NV）だ。

シャンパンを手にした時、それが「ブリュット」のNVなら各ハウスの特徴を端

※4　ワインに含まれる糖分の量で7段階に分けられる。極辛口から順に「ブリュット・ナチュール」、「エクストラ・ブリュット」、「エクストラ・ドライ」、「ブリュット」、「セック」、「ドゥミ・セック」、「ドゥー」となる。

※5　スティル・ワイン（非発泡性ワイン）、スパークリング・ワイン（発泡性ワイン）、フォーティファイド・ワイン（アルコール強化ワイン）、フレーバード・ワイン（香味付けワイン）の4つに分類。

※6　フランスのシャンパーニュ地方以外で造られる発泡性ワインは「ヴァン・ムスー」、イタリア産は「スプマンテ」、スペイン産は「エスプモーソ」、ドイツ産は「シャウムヴァイン」。

※7　ブドウを収穫した年を表す。

的に表す〝シャンパン・ハウスの顔〟だと思えば間違いない。人によっては〝ヴィンテージが入っていないワインなんて大したことない〟なんて思うかもしれない。でも、シャンパンの場合は違うのである。

パリ盆地の東寄りにあるシャンパーニュ地方は極寒の地で、年間平均気温は10度。ブドウ栽培の北限に近いため、年によってブドウの出来や収穫量に大きな違いが出てしまう。だから、この地方では異なるヴィンテージや、異なる畑、3品種の異なるブドウから造った原酒をブレンドすることで、毎年均一な品質の味わいを出すようにしている。NVは量販シャンパンなので出荷量が一番多い。シャンパン・ハウスの顔と言われる由縁はここにある。

われわれが日頃見かけるワインは、泡のないスティル・ワインである。どうして泡がないかと言うと……。ブドウの中の糖分が、酵母の働きによって「アルコールと炭酸ガス」に分解され、炭酸ガスは発酵中に発散してしまうから結果として最後にアルコール分が残る。これが非発泡のスティル・ワインであり、赤ワイン、白ワイン、ロゼワインがこれにあたる。

シャンパンの場合は、このスティル・ワイン製造から、さらにひと手間かける。まず、通常のワイン製法と同様に、その年収穫したブドウを発酵させてワインを造る。ここまでが第一段階。次に、できたワインに各シャンパン・ハウスが何年間にもわたってストック[※8]しておいたワインをブレンドして味を決め、ベースのワインを造る。そして、このワインを瓶に詰め込み栓をする。この時、瓶の中に糖分と酵母も加える。発酵は糖分と酵母さえあれば自然に起きるので、これを利用して瓶の中で再発酵させるわけだ。この方法は「シャンパン製法」とか「瓶内二次発酵」と呼ばれている。瓶に入れる原酒の数は各ハウスによって異なるが、通常何十種類も使われており、ブリュット・アンペリアルで使用する原酒は何と50〜60種類である。

熟成させなければ市場に出せないシャンパンは、NVの場合で、原酒をブレンドして瓶に詰めてから「15カ月間」の熟成がお約束。実際には15カ月よりもっと長期が普通で、ブリュット・アンペリアルを例にすれば平均して36カ月、つまり3年もの間熟成させていることになる。熟成が長くなれば旨み成分がワインに溶け込んでくるし、瓶内で生まれる泡もきめ細かくなってくるというわけだ。

収穫年を表示したヴィンテージ・シャンパンの場合だと、瓶詰めしてから「3年

※8　リザーヴ・ワイン（ヴァン・ド・レゼルヴ）

間」の熟成が義務づけられている。主要なシャンパン・ハウスは決められた期間より多くの歳月を費やしているが、モエ社の最高級品「キュヴェ・ドン・ペリニヨン」では6～8年間も熟成させている。つまりブドウを収穫してからシャンパンになって市場に出るまで10年近い歳月をかけていることになる。

『プリティ・ウーマン』シンデレラと、イチゴとシャンパンと

現代版シンデレラ・ストーリーとして女性たちの注目を集めた『プリティ・ウーマン』では「シャンパンとイチゴ」の組み合わせが話題になっていた。映画に登場したシャンパンは『タイタニック』と同じ「ブリュット・アンペリアル」である。この映画のシャンパンほど多くのワイン好きたちから取り沙汰されたものはないだろう。ラベルが判読しにくかったせいもあってか、「プリティ・ウーマンのシャンパンはこれ!」といった具合にいろいろなシャンパン名が挙げられていた。

私の場合はラッキーなことに、当時、女性誌に「ワインと映画」のエッセイを連載していたので印刷会社の機器が強い味方をしてくれた。エッセイを書く場合、ま

プリティ・ウーマン
1990年・米／ゲーリー・マーシャル監督／リチャード・ギア、ジュリア・ロバーツ

ず仕事の手順として印刷会社のビデオでワインを飲むシーンをチェックするのだが、ワインのラベルが極端に判読しにくい時は、印刷会社の精鋭たちの手で〝あること〟が行われる。それは最新鋭の機器を使ってラベル分析をしていく作業で、NASAの衛星カメラ（映画好きの貴方ならハリソン・フォードの『パトリオット・ゲーム』のあの凄いシーンと同じ、と言えば「なるほど！」と納得されるはず）のように、画面を少しずつ拡大しながらラベルを見ていくのである。横で見ていた私は「ふぅ〜ん、面白い！」を連発していた。このような作業の繰り返しによって、『プリティ・ウーマン』のシャンパンは姿を現した。後日、モエ本社資料課の方にも確認したので、「ブリュット・アンペリアル」であることは間違いない。

さて、映画の主人公は仕事オンリーで心が乾いている青年実業家と、街のフッカー（売春婦）。『タイタニック』の時と同じように身分違いのふたりである。

ロサンゼルス滞在中のエドワード（リチャード・ギア）は顧問弁護士の愛車ロータスで街に出るが、勝手がわからず困惑状態。そんな彼に声をかけ、窮地を救ったのはヴィヴィアン（ジュリア・ロバーツ）で、彼女の見事な運転でエドワードは無事宿泊先の高級ホテルに戻ることができた。ヴィヴィアンに興味をもった彼は、好奇心から彼女と1時間の契約をして自分の部屋に連れていく。フロントに「シャンパンとイチゴ」のルーム・サービスを注文する。超リッチな彼は、ホテルの最上階のペントハウスに泊まっている。しばらくして、ワインクーラーに入れたシャンパンと蓋付きのプレートに並べたイチゴをウエイターが運んでくる。エドワードはシャンパンの栓を抜き、フルートグラスに注いでヴィヴィアンに手渡す。でもシャンパンを優雅に楽しむ術を知らない彼女は、冷たくて口当たりの良いシャンパンを一気飲みしてしまう。イチゴを勧めようとしていた彼は呆気にとられながら、

「イチゴを」

「なぜ?」

「シャンパンが引き立つ」

「オシャレ! おいしい」

視覚的には完璧なファッション、オシャレ! 気持ちをワクワクさせるようなシャンパンの泡と、真っ赤な粒の可愛いイチゴの組み合わせなのだから。この組み合わせは、公開当時、ちょっとしたブームにもなった。

でも、シャンパンを引き立たせ、本当においしく飲むためにはもうひと工夫した

い。たしかに、一部の重厚なタイプのシャンパンは別として、シャンパンはどんなお料理にも合わせることができるオールマイティな飲み物だ。だから何を飲むか迷った時はシャンパンがおすすめできる。ただ、『プリティ・ウーマン』のようにシャンパンとイチゴだけの組み合わせだと、双方の酸がバッティングしてしまい〝苦み〟が口の中に残ってしまうことが結構あるのだ。このシーンは私がいつも疑問に思うところで、「アルコールは飲まない」と公言しているエドワードが、なんで「シャンパンが引き立つ」と言うのかなぁ……と。

実際、シャンパーニュ地方ではビスケットのような焼き菓子（ガトー・ド・シャンパーニュ）とシャンパンを合わせて楽しんでいる。そこで、例えばバターの風味を生かしたタルトを作り、フルーツタルトにしてシャンパンを楽しんでみてはどうだろう。イチゴだけでなく、ラズベリーやアプリコット、白桃などをのせたフルーツタルトなら相性が良いはずだ。イギリスのオックスフォード大学の創立記念の朝食会では「シャンパンとストロベリークリーム」が出るらしい。イチゴだけでなく、適度な甘さに仕上げた生クリームはシャンパンとよく合う。どうしてもシャンパンをイチゴと合わせたいのなら、シャンパンは辛口の「ブリュット」ではなく、甘みのある「ドゥミ・セック」ぐらいが適当だろう。

余談だが、あるパーティで用意されていたのが、シャンパンと上等の白桃。白桃の蜜のような濃い甘さはシャンパンをうまく引き立てていた。シャンパンも冷たくし過ぎるより、少し冷えが甘いかなぁと感じるくらいのほうがおいしい。シャンパンは冷やすと酸味が強く出てしまうので、酸をまろやかに感じるためには温度[※9]を少しだけ上げて飲むことがポイントだ。

発泡性ワインと桃の組み合わせで有名なのは「ベリーニ」というカクテルだ。ヴェニスにあるハリーズ・バーの初代オーナー、チプリアーニが創作したと言われている。有楽町にあったワインショップで、イタリアフェアをやっていた時のこと。「ハリーズ・バー直伝のベリーニ上陸」との触れ込みだったので作り方を見せてもらった。イタリアのプ[※10]ロセッコから造られたスプマンテ（チプリアーニ社製）に白桃ジュースを入れるのだが、まず金魚鉢のような形の丸くて薄いガラスのボウルにスプマンテを入れ、かなり長い時間スワリング（回すこと）する。この作業はワインの泡を飛ばすことが目的で、あとは桃の果汁を入れて出来上がり。とてもチャーミングな飲み物だ。家庭で楽しむ時は、フルートグラスを用意してピーチ・ネクタ

※9　シャンパンの適温は6〜8度。上質な白ワインは10〜14度くらいにすると酸がソフトになる。冷蔵庫温度が7度なので、覚えておくと役に立つ。

※10　イタリア北東部の土着ブドウ。辛口の軽い発泡性のワインになる。

ーを3分の1入れ、冷やした発泡性ワイン3分の2を注げば完成だ。泡に弱い人はあらかじめ発泡性ワインを別の容器に入れ、マドラーや長めのスプーンで攪拌《かくはん》しておけばいい。カクテルの大御所、福西英三氏はベリーニの泡について「作り方は少しずつ変化しているようだが、ハリーズ・バーでは泡を少し残して爽やかさを生かしている。まあ泡を残すかどうかは飲む人のお好み次第なのでは」とおっしゃっている。

『プリティ・ウーマン』では背の高いフルート型のグラスが使われていた。ジュリア・ロバーツがホテルでロングブーツを脱ぎながら、品のない態度で一気に飲み込むシーンである。フルートグラスはシャンパンの細やかな気泡を目で鑑賞し、複雑な香りを鼻で利き、そしてかすかな気泡の音を耳で楽しむことができる。長い熟成を経て、グラスに注がれたシャンパンを楽しむには最良の容器である。

オーストリアにあるリーデル社[※11]ではそれぞれのワインの最高の味と香りを引き出すための研究を早くから進めていた。人間の舌には「4つの味覚[※12]」があるのだが、グラスの形態によってワインの味わいが違ってくることに着目したのである。フルート型グラスが縦長で口径が狭いのは、甘味に敏感な舌の先端から、舌の中央部、

※11 1756年創業の歴史あるグラスメーカー。グラスの形と機能を研究している。

※12 舌先は甘味、側面は塩味と酸味、舌の奥は渋味（苦味）を感じる。

奥へと流れていくようになっているためである。シャンパンを飲んだ時、最初に甘さを感じさせ、酸味が強調されないようなデザインになっているのだ。

映画でも王者の風格「キュヴェ・ドン・ペリニヨン」

ドン・ピエール・ペリニヨンの名前は冒頭でも触れたが、彼の名を冠したシャンパンが「キュヴェ・ドン・ペリニヨン」。モエ社が造り出すキュヴェ・プレスティージ・シャンパンである。これは〝最高に良いブドウができた年の最高傑作〟、つまりシャンパン・ハウスが全精力を傾けて造る高級品である。厳しい規定が施行されているシャンパーニュ地方では、4000kgのブドウを圧搾してできた最初の果汁2050リットルを「一番搾り」と呼ぶ。これが「キュヴェ」だ。シャンパン製造では、「二番搾り[※13]（プルミエール・タイユ）」までの使用が許されているが、モエ社のドン・ペリニヨンは一番搾りのキュヴェしか使っていない。各シャンパン・ハウスでもプレスティージのクラスになると一番搾りが当たり前。すごく贅沢な飲み物なのである。

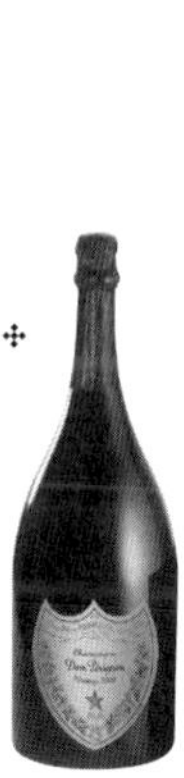

✣ **モエ・エ・シャンドン・キュヴェ・ドン・ペリニヨン 2000**

Moët et Chandon Cuvée Dom Pérignon 2000

初デビューは1936年。その年のクリスマスに合わせて米国市場に出荷した「キュヴェ・ドン・ペリニヨン1921」。数あるキュヴェ・プレスティージ・シャンパンの中でも圧倒的な知名度である。問：MHDディアジオ モエ ヘネシー　1万9950円

※13　キュヴェ（一番搾り）の後に搾る500リットル。

ドン・ペリニヨンは、モエ社の創業者であるクロード・モエが18世紀に使っていたのと同じ瓶型、ラベルも当時の伝統ある盾形の紋章をかたどっている。独特な瓶型とラベルはスクリーン上でも発見しやすい要素である。逆に言えば、それだけ目立つということだ。『おしゃれ泥棒』、『ミザリー』、『アサシン』、『めぐり逢えたら』、『ブルース・ブラザース』、『あなたに恋のリフレイン』、『ノーマ・ジーンとマリリン』、『フィラデルフィア』、『フェイス／オフ』……とても書き切れない。

シャロン・ストーン主演の映画『硝子の塔』[※14]には、ロゼが出ていた。ロゼ・シャンパンはシャンパン全生産量のうち、わずか3〜5％程度である。見ているだけでも楽しくなってしまうシャンパンなのだが、高価すぎるのが難点だ。映画に登場すること自体とても珍しい。この映画でも「キュヴェ・ドン・ペリニヨン・ロゼ」を持ってきたのは、印税生活で優雅に暮らす作家だった。納得できる設定である。

ロゼ・シャンパンの造り方には2通りある。ブレンドしたシャンパンにシャンパーニュ地方産の赤ワインを加える方法と、黒ブドウを皮ごと漬け込んで仕込む方法である。「キュヴェ・ドン・ペリニヨン・ロゼ」は前者で、ベースとなる原酒に赤ワインを加えて、瓶内二次発酵させて造っている。

※14 カリフォルニアワインの『硝子の塔』参照

✣ モエ・エ・シャンドン・キュヴェ・ドン・ペリニヨン・ロゼ1998
Moët et Chandon Cuvée Dom Pérignon Rosé 1998

深いピンクに輝くシャンパンの香りはデリケート。味わいは軽やかで繊細、凝縮した果実味もある。ジビエ（狩猟鳥獣）によく合うシャンパン。問：MHD ディアジオ モエ ヘネシー 5万2500円

『ニキータ』の勝負服が似合う「テタンジェ・ブリュット・ミレジメ」

シャンパン造りに使えるブドウは3品種。黒ブドウの「ピノ・ノワール」と「ピノ・ムニエ」、それから白ブドウの「シャルドネ」である。黒ブドウと言っても、果皮は黒いが果汁は白い。ただ注意しなければいけないのは、果皮が腐っていたり破れていたりすると果汁に色が出てしまうので、腐敗果は取り除き、ひたすら丁寧に搾ること。そのピノ・ノワールは「深み」を、ピノ・ムニエは「フルーティさ」を、そしてシャルドネは「軽やかさと上品さ」を発揮する。

各ハウスによって使用するブドウの比率は異なるのだが、〝エレガントさ〟をコンセプトにしているのはテタンジェ社だ。

ここに同じメーカーの2種類のシャンパンを小粋に扱った監督がいる。シャンパンを小道具に使う時に、いつもひと味違ったこだわりを見せてくれるフランスのリュック・ベッソン監督だ。『グラン・ブルー』では水中にシャンパンを持ち込み、ボトルを開けて乾杯するシーンを撮ったり、『レオン』の中ではミルクしか飲めない主人公にあえてシャンパンを飲ませたりして……。特に『ニキータ』では、登場する2種類のシャンパンのセレクトがたまらなく良かった。

　映画は警官殺しの罪で終身禁固刑を宣告された少女ニキータ（アンヌ・パリロー）が政府の裏組織の「殺し屋」に仕立てられていくというお話。最初は冗談じゃないと反抗しまくっている彼女だけど、武道はもちろん、殺しのテクニックやレディとしてのしつけ、たしなみを教わっていく。断われば〝死〟しかないのだから。訓練期間中は、組織のビルから一歩も出られない日が続いている。そんな彼女に初めて外出許可が出たのは、訓練から3年が過ぎた彼女の誕生日。ドレスアップしたニキータは政府組織のボブと一緒に格調高いレストランに行く。支配人に案内され、テーブルに着くふたり。ボブはテーブルの上にひとつの包みを出し、彼女にプレゼントする。彼を密かに慕っていたニキータの心は高まって……。そこにソムリエが現れる。

「テタンジエ・コント・ド・シャンパーニュ・ミレジメです。ごゆっくり」

これはテタンジェ社のヴィンテージ・シャンパンで、〝ブドウの出来が特に良か

ニキータ
1990年・仏／リュック・ベッソン監督／アンヌ・パリロー、ジャン・ユーグ・アングラード、チェッキー・カリョ、ジャンヌ・モロー
問：パラマウント ジャパン
1500円

った年〟に造られるものである。「ミレジメ」[※15]はフランス語で収穫年を意味する。このシャンパンは普通「テタンジェ・ブリュット・ミレジメ」と呼ばれているが、映画のソムリエは「テタンジェ・コント・ド・シャンパーニュ・ミレジメ」と呼んでいた。

コント・ド・シャンパーニュ（シャンパーニュ伯爵）というのはチボー4世のことで、彼が十字軍遠征の帰途、キプロス島からシャルドネの苗木を持ち帰り、これが今日のシャンパン造りの基礎になっているとのことだ。このシャルドネに裏打ちされたものが〝エレガントさ〟になるのだろう。馬に乗り、右手に持った剣を高く掲げる彼の勇姿は、同社のシャンパンのラベルにも描かれている。

グラスを掲げたボブはニキータのために言う。「君の将来に！」

ニキータが期待しながら開けた箱には拳銃が入っていた。ボブは一体何を考えているのか……。唖然とする彼女にボブはレストラン内の要人暗殺を指令して帰ってしまう。幸せの絶頂から谷底に突き落とされた気分のニキータは、それでも命令通りに行動する。彼女に課せられた工作員の最終試験とも知らずに。ボブにしても気持ちは揺れている。反抗ばかりしていた彼女を諦めずに特訓したのは、女としての

✣ **テタンジェ・ブリュット・ミレジメ2002**

Taittinger Brut Millésimé 2002

テタンジェ社のヴィンテージ・シャンパン。繊細な泡立ちと上品な酸が長く持続する辛口。蜂蜜を思わせる熟成感が心地よい。問：日本リカー 1万500円

※15 貨幣に刻印する鋳造年号をミレジムというが、ラベルに印刷された年号をミレジムに見立てて「ミレジメ」と呼んでいる。

ニキータに心惹かれるものを感じていたからだし、この最終試験は避けて通ることができない関門なのだから。ニキータが生きて帰るか、死んでしまうのか。「君の将来に！」に込めた気持ちは複雑だ。

ふたりが飲んだ、というよりニキータのためにボブが選んだシャンパンが「ブリュット・ミレジメ」だった理由。それはこのシャンパンが〝エレガントさ〟と〝力強さ〟の両方を併せ持っているからだ、と思う。組織の施設での3年間で、彼女はレディとしての優雅さと、工作員としてのタフさを身につけた。そんなニキータにはブリュット・ミレジメが重なってくるし、監督のこだわりが伝わってくる。ブリュット・ミレジメはピノ・ノワールやピノ・ムニエより、白ブドウのシャルドネの比率が高いので、溌剌とした酸味が上品な印象を与えてくれるシャンパンだ。

シャンパンは、黒ブドウと白ブドウが仲良くブレンドされて使われるのだが、特別にシャルドネだけを使って造る「ブラン・ド・ブラン」や、黒ブドウだけで造る「ブラン・ド・ノワール」もある。テタンジェ社の最高級のシャルドネだけを使って造ったキュヴェ・プレスティージ・シャンパンはちょっと長い名前だが、「コント・ド・シャンパーニュ・ブラン・ド・ブラン・ブリュット」と呼ばれている。織

✣ テタンジェ・コント・ド・シャンパーニュ・ブラン・ド・ブラン・ブリュット1998

Taittinger Comtes de Champagne Blanc de Blancs Brut 1998

ブラン・ド・ブランはシャルドネ100％で造られる。上品さを感じさせる優雅なシャンパン。問：日本リカー　3万1500円

細で優雅な味わいは、イメージとして手脚が長くスラリとした女性を思わず連想してしまう。今の女優に例えるなら、グウィネス・パルトロウあたりか。あいにくボトルはスラリではなく、安定感のあるズッシリタイプだ。シャルドネの収穫量は少ないため、一般的にブラン・ド・ブランは高値傾向にある。[※16]シャンパーニュ地方のシャルドネ生産地域といえば、「コート・デ・ブラン」。〝白い丘陵〟という名にふさわしい、白ブドウの名産地だ。

その後、プロの殺し屋として活動し始めたニキータはマーケットで知り合ったマルコと婚約する。ボブは様子を探るため、ニキータの伯父という名目でふたりの新居を訪れるのだが、彼は花とシャンパンを持参する。このシーンで二番目のシャンパンが登場。マルコはボブに「気を遣わないでよかったのに。花のことですよ。シャンパンはいただきます」と、シャンパンの銘柄をチェックしながら話しかける。

このシャンパンはやはりテタンジェ社のNV「ブリュット・レゼルヴ」。ピノ・ノワールの比率が高いが、シャルドネの風味も十分に生かされた軽快でセンスの良いシャンパンである。最初に出てきたヴィンテージ・シャンパン「ブリュット・ミレジメ」が勝負服の似合うタイプだとしたら、「ブリュット・レゼルヴ」はもう少

※16　シャンパーニュ地方は「モンターニュ・ド・ランス」、「ヴァレ・ド・ラ・マルヌ」、「コート・デ・ブラン」、「コート・ド・セザンヌ」、「コート・デ・バール」の5つに大きく分けられる。

テタンジェ・ブリュット・レゼルヴNV

Taittinger Brut Réserve NV

エレガントなシャンパン造りで定評のあるテタンジェ社のNVシャンパン。軽快で親しみやすいタイプ。問：日本リカー　7350円

しカジュアルなタイプなので、仲間との歓談にふさわしいシャンパンと言える。ワインをよく知っている監督のワイン・セレクションだ。

セレブ好みのシャンパンと言えば透明ボトルの「クリスタル」

3人の演技派女優が競演する『ファースト・ワイフ・クラブ』のヒュー・ウイルソン監督もシャンパンの使い方を熟知しているひとりだ。ルイ・ロデレール社の2種類のシャンパンを登場させているのだが、それが実に見事である。

アニー（ダイアン・キートン）、エリース（ゴールディ・ホーン）、ブレンダ（ベット・ミドラー）、そしてシンシアの仲良し4人組は大学の同級生。卒業式当日、彼女たちはルイ・ロデレール社のNV「ブリュット・プルミエ」で〝乾杯〟し、晴れの門出を祝う。容器はシャンパングラスならぬ、紙コップで。そして20年後、彼女たちはひょんなことで再会する。人生の勝利者だったシンシアが自殺したのだ。葬儀の日、3人は幸せで満ち足りた生活をしているフリをしていたが、実は……、全員夫の浮気で悩んでいた。胸中を打ち明けあった面々は夫への復讐のため、意を

ファースト・ワイフ・クラブ
1996年・米／ヒュー・ウィルソン監督／ゴールディ・ホーン、ダイアン・キートン

✣ **ルイ・ロデレール・ブリュット・プルミエNV**
─ Louis Roederer Brut Premier NV
NVながらしっかりとした味わいを誇るシャンパン。そのリッチで複雑な味覚は樽でキープされていたリザーヴ・ワインがポイント。問：エノテカ6930円

決して〝ファースト・ワイフ・クラブ〟を結成。フルート型グラスに各自の結婚指輪を投げ込み、団結を誓って再び〝乾杯〟をする。乾杯のシーンで飲んでいたのは、同じくルイ・ロデレール社のキュヴェ・プレスティージ・シャンパン「クリスタル」だ。「クリスタル」は19世紀、ロシアのアレクサンドル2世の命令によって造られたシャンパンで、民間人が飲めないような特別なものを、というリクエストから誕生した特製シャンパン。透明なクリスタルのボトルもラベルの金色も豪華だ。同じ会社のクラス違いのシャンパンを、登場人物の社会的なステイタスの違いによって使い分けた心憎い映画。ちなみに「クリスタル」を用意していたのは、ゴールディ・ホーン演じる女優エリース。何と言っても「クリスタル」はセレブのお気に入りなのである。

ルイ・ロデレール・クリスタル2002
―Louis Roederer Cristal 2002
透明瓶を通して見える黄金色の輝き、気泡は細かくクリーミー、上品で長い余韻。問：エノテカ　2万9400円
※写真は2000年のもの

変身で男心を変心させた『サブリナ』やっぱり女は見かけが大事？

シャンパンの世界で〝完璧かつ重厚〟なイメージを漂わせているのは「クリュッグ」である。〝力強さ〟がスタイルのシャンパンだ。このシャンパン・ハウスのN

V「グラン・キュヴェ・ブリュット」を惜しげもなく使っている贅沢な映画があった。1995年のアメリカ映画『サブリナ』で、かつてオードリー・ヘプバーンが主演した『麗しのサブリナ』のリメイクだ。サブリナ役はヘプバーンがチャーミングすぎたので、ジュリア・オーモンドには勝ち目がない感じだったが、登場したシャンパンの銘柄はリメイク版が圧勝していた。

ロングアイランドに住む大富豪のララビー家にはふたりの兄弟がいた。兄のライナス（ハリソン・フォード）は仕事一筋の堅物。一方の次男デビットは仕事より美人に目がないプレイボーイ。ライナスのお抱え運転手の娘サブリナは、そんなデビットに夢中で、彼の気を引こうとするのだが、相手にされない。彼を諦めるためパリに旅立った彼女は、ヴォーグ誌のアシスタントとして働く。ファッションの本場で洗練されたレディになったサブリナは、2年後再びララビー家へ。ところが、今まで彼女に無関心だった次男が〝キレイ〟に変身したサブリナに一目惚れしてしまい、彼女も夢見心地になって……。ララビー家の母親の誕生パーティが盛大に開かれている会場で、サブリナに言い寄るデビットが用意したのは、もちろん、シャンパン！

サブリナ
1995年・米／シドニー・ポラック監督／ハリソン・フォード、ジュリア・オーモンド　問：パラマウント ジャパン　1500円

サブリナの変身は男心を変心させた？　以前、変身願望のある女の子からの投稿が新聞に載っていた。エステや化粧品代に月々10万円もつぎ込んでいる彼女の言い分は「映画の『サブリナ』や『マイ・フェア・レディ』がお手本なの。キレイでないと見向きもされないのに、キレイになった途端、相手の男の態度が変わる。やっぱり女は見かけが大事。だからキレイになるための投資と考えれば10万くらい安いもの」だった。『プリティ・ウーマン』や『サブリナ』のように主人公がキレイに変身していく映画が女性たちに大受けなのは、彼女たちの〝シンデレラ願望〟と〝変身願望〟を大いに刺激しているからだろう。でも、見かけだけで中味が伴わない変化なんて意味ないと思うのだけど……まあ、いいか。

さて、大邸宅の豪華なパーティで飲まれているシャンパンは、クリュッグ社の「グラン・キュヴェ・ブリュット」で、細長い鶴首とどっしりとした瓶型が目印だ。日本での価格は1本あたり約2万円だから、総額は……。映画のクレジットにクリュッグの名前が出ていたので、もちろんタイアップだろうが、それにしてもこのようなパーティなら、どんなスケジュールが入っていてもキャンセルして参加したい。

NV[※17]とは言え、6〜9年の幅の異なるヴィンテージから、40〜50種類の原酒をブレ

✣ **クリュッグ・グラン・キュヴェ**

| Krug Grande Cuvée

複雑で熟成感のあるクリュッグのシャンパンにハマる熱狂的ファンは〝クリュギスト〟と呼ばれている。職人的こだわりが伝わってくるシャンパン。問：ヴーヴ・クリコ ジャパン　2万3100円

※17　クリュッグ社では「NV」と呼ばず、「マルチ・ヴィンテージ」と呼ぶ。

ンドして造られている、ものすごい贅沢品なのだ。

クリュッグ社は1843年、ドイツ出身のジョアン・ジョセフ・クリュッグがシャンパーニュ地方のランスにハウスをつくり、スタートした。現在6世代目、徹底した家族経営を貫き、ブレンドのための決定もクリュッグ家の人間の鼻と舌に委ねられている。

クリュッグのシャンパンが骨太で厚みがあるのは、ワインをオーク樽[※18]で発酵させているところにあると言われている。樽に貯蔵できるシャンパンの量は205リットル、[※19]シャンパンの瓶に換算すると273本程度でしかない。古樽発酵の作業はすごい手間だし、コストもかかる。自社で行っているとはいえ、樽の修理も大変なことだらけなのだが、クリュッグは先代の教えを守り、細かな配慮と手作業で、完璧なまでのシャンパン造りをしている。

映画に登場した「グラン・キュヴェ」は複雑味のあるシャンパンだ。しっかりとした輪郭ながら、キメ細かな泡立ちとシルクのような繊細さも備えている。使用ブドウは規定の3品種だが、シャルドネの比率が多いので、独特の爽やかさを感じさ

※18　発酵に木樽を使用することでワインに香りや複雑味を与えることができる。

※19　輸入ワインのレギュラーサイズは750㎖容量。

せてくれる。

ブラン・ド・ブランについては、さきほど触れたが、同社の「クロ・デュ・メニル」[※20]はシャルドネ100％の最高峰で、最高値の芸術品。樽で発酵させて造られるこのシャンパンは繊細で、柔らかく、余韻のインパクトが強くて……という究極の銘酒だ。年間の生産量は9千本～1万7千本である。手に入れるのが難しいシャンパンのひとつと言える。

クリュッグ社がLVMH（モエ ヘネシー・ルイ ヴィトン）に買収されたというニュースによると、買収額は日本円にして約200億円だった。LVMHはますます巨大になっていく。

口説きの名セリフ「君の瞳に乾杯」は映画『カサブランカ』の中に

シャンパンが最高に輝いていた映画と言えば、1942年の『カサブランカ』である。この映画に登場するシャンパンは存在感があって、ピタッと決まっていて、主人公のハンフリー・ボガートとイングリッド・バーグマンの束の間の恋の引き立

※20 メニル・シュル・オジェ村の単一畑クロ・デュ・メニルの単一品種シャルドネから造られる。

カサブランカ
1942年・米／マイケル・カーチス監督／ハンフリー・ボガート、イングリッド・バーグマン　問：ワーナー・ホーム・ビデオ　1500円

て役としても最高だった。

第二次世界大戦の真っただ中に作られた映画なのに、今観ても全然古さを感じさせない。映画自体あまりに有名なので、知らない人もいないと思うが、主人公のふたりが出会い、お互いの素性を知らないまま恋に落ちるパリのシーンと、カサブランカで偶然再会した後、イルザ（イングリッド・バーグマン）の裏切りを許せずにいたリック（ハンフリー・ボガート）が、パリ時代の愛を取り戻すシーンでシャンパンが登場する。

リックは部屋でシャンパンを開けながら、謎の女性イルザに尋ねる。

「君はいったい何者？　いままで何をしていた？」

「聞かない約束よ」

侵攻するドイツによってパリが陥落するというその日のこと。パリのクラブ「オーロラ」で、ピアノ弾きであるサムの〝時の過ぎゆくまま〟を聴きながら、くわえタバコのリックはお気に入のシャンパンのコルクを抜く。

「どんどん飲めとさ。ドイツ人にシャンパンをやるのはシャクだから」

サムが答える。

「ちょっとは憂さを晴らせますね」
イルザにグラスを差し出しながら、彼がささやく言葉は
「君の瞳に乾杯！（Here's to looking at you, kid）」

名翻訳の有名なセリフだが、この時リックが手にしていたシャンパンはマム社の「コルドン・ルージュ・ブリュット」だった。

この「Here's to looking at you」というセリフは、映画『旅情』の中でも使われている。ただし、翻訳は〝乾杯〟。ホテルに着いたばかりのキャサリン・ヘプバーンが宿の女主人とカクテルで乾杯するシーンだった。大人っぽい雰囲気が出せるから、ここぞ！　という時には使えるフレーズだ。

マム社のコルドン・ルージュ・ブリュットは、〝爽やかさ〟がスタイルのシャンパンである。エチケット（ラベル）が白地に斜めの赤いラインで、大胆なデザインになっているので、モノクロ映画でも一目でソレ、と確認できる。エチケットの赤いリボンは、フランスのレジオン・ドヌール勲章がモチーフで、〝栄誉と誇りに満

✣ G・H・マム・コルドン・ルージュ・ブリュットNV
G.H.Mumm Cordon Rouge Brut NV
フレッシュな梨や焼きたてのパンの香り、ソフト&マイルドな味わい。好感度抜群のシャンパン。問：ペルノ・リカール・ジャパン　6300円

ちたシャンパーニュでありたい〟という造り手のメッセージが込められている。

G・H・マム社は、ドイツ出身のマム兄弟が1827年にシャンパーニュ地方のランスにつくったハウスで、1876年に「コルドン・ルージュ・ブリュット」を発売したら、これが見事にヒット。全て順調という感じだったのだが、第一次世界大戦中に〝敵国資産〟として没収され、その後の競売でフランス人の手に渡ったという経緯がある。

映画で興味深いのは、数あるシャンパンの中でリックがなぜコルドン・ルージュを選んだのか、ということである。もちろん、監督の意思でもあるのだが。

コルドン・ルージュがリックの祖国アメリカで当時人気の高いシャンパンだった、ということもあっただろうが、私は、敵国ドイツとフランスの関係を象徴的に表すためのセレクションだったのではないかと思っている。つまり、フランスの国土がドイツに占領されるというその時に、かつて〝フランスがドイツから取り上げたシャンパンを飲む〟という図式じゃないかって。ドイツ軍の侵攻を苦々しく思っていたリックが言う「ドイツ人にシャンパンをやるのはシャクだから」というセリフにも、敵国ドイツへの抵抗の気持ちが強く表れている。

〝未亡人〟が活躍する華麗なるシャンパン業界

ボトルの映像こそ出てこないが、『カサブランカ』にはもう1本、別のシャンパンが登場する。ゲシュタポ（ドイツの秘密警察）の少佐がリックの店で「シャンパンとキャビア」を注文するシーンである。同席していた警察署長が勧めたのは1926年物のヴーヴ・クリコ。ドイツを嫌う署長の、フランスの意地を見せるかのようなシャンパン選びである。

「ヴーヴ・クリコ」のヴーヴ（Veuve）はフランス語で〝未亡人〟を意味する。27才で未亡人になったクリコ夫人は、夫亡き後にシャンパンに残りの人生を賭けた、今日のシャンパン製造の基礎を確立した偉大な女性でもある。

シャンパンを瓶熟成させている間、ボトルの中にはオリ[※21]が溜まってくる。溜まったオリは「動瓶[※22]（ルミュアージュ）」作業で、ボトルの口元に集められる。19世紀には、テーブルに45度の角度で穴を開け、ボトルを逆さまに差し込んでオリを処理する方法が考えられた。この考案者がクリコ夫人である。板は「ピュピトル」と呼

※21 オリは酵母の死骸がたまったもの。

※22 1本1本ボトルの底を軽く揺すりながら、8分の1ずつ回転させ、口元にオリを集める作業。コルク栓のところにオリが落ちてくるとボトルの中が澄んだ状態になってくる。

ばれ、今日のシャンパン製造でも使われている。〝泡のあるワイン〟は当時珍重されていたが、オリでワインが濁ってしまうのは考えものだった。彼女はこの邪魔なオリを取り除くために画期的な発明をし、シャンパンの発展に大きく寄与したのである。この偉大なマダムに会いたかったらヴーヴ・クリコ・ポンサルダン社のキュヴェ・プレスティージ・シャンパン「グランダム」を飲むことをおすすめする。〝偉大な女性〟と名づけられたシャンパンの金属キャップに、晩年のクリコ夫人の肖像画が刷り込まれているからだ。

シャンパン界では、女性の活躍が際立っている。

ポメリー社のマダム・ポメリーは「辛口」のシャンパンを最初に手がけた女性である。「ポメリー・ナチュール１８７４」がソレである。19世紀、39歳で未亡人になったマダム・ポメリーはイギリス進出を企てる。彼女はロンドンの上流階級の人たちが辛口嗜好になっているのに目をつけ、ブリュットタイプのシャンパンを製造、大成功をおさめた。

※23シャンパンの製造では動瓶の後、「滓《おり》抜き（デゴルジュマン）」と呼ばれる作業を

✣**ヴーヴ・クリコ・ラ・グランダム1998**
Veuve Clicquot La Grande Dame 1998
チャールズ皇太子とダイアナ妃のロイヤル・ウエディング用特製シャンパンは、ヴーヴ・クリコ社の最高傑作「グランダム」の中から選び抜かれたものが使われた。問：ヴーヴ クリコ ジャパン　２万１０００円

※23　シャンパンの製造工程は、第二次発酵→瓶熟成→動瓶→口抜き→甘み調整→栓打→ラベル貼りとなる。

行う。オリを取るのである。シャンパンは密封したボトルの中で再発酵させるので、瓶の中に炭酸ガスが発生している。だから、コルク栓を抜くとオリが勢いよく飛び出してくる。昔は手慣れた職人さんが手早く作業していたが、それでも滓抜きをすると、ボトルの3分の1くらいが流れ出てしまったようだ。余談だがシャンパンボトルの上部を覆っている金や銀の綺麗なフォイルは、当初、こぼれ出てしまった量を隠すためのものであったらしい。今日では機械化がすすみ、多くのシャンパン・ハウスでは氷点下20度の塩化カルシウム水溶液に瓶口をつけて凍らせ、その間にオリを抜き去るようにしている。

コルクを打栓する前に、最後の作業として「甘み調整（ドザージュ）」を行う。でき上がったシャンパンと同質のワインに庶糖を混ぜたものを加えるのだ。1リットル中の糖分の量で、ブリュット・ナチュールからドゥーまでに分けられる。辛口になればなるほど、ワインの生地の善し悪しが出てしまうので、各ハウスはブリュットに力を入れている。

『月の輝く夜に』、恋に落ちたふたりには シャンパン・カクテルを

『カサブランカ』では、イルザの夫ラズロがバーのカウンターで「シャンパン・カクテル」を注文していた。１９８７年のアメリカ映画『月の輝く夜に』でも同じように「シャンパン・カクテル」が登場する。２本の映画ともメインになるシャンパンは、マム社の「コルドン・ルージュ・ブリュット」だった。このシャンパンも映画によく出る常連だ。登場回数の多いシャンパンの双璧を挙げるとしたら、間違いなく「モエ社」と「マム社」になるだろう。

舞台はニューヨーク。イタリア系のロレッタ（シェール）は37歳の未亡人だ。彼女は決して美人とは言えないし、お洒落にも無関心。葬儀社勤めのせいか地味な服装で働いている。そんな彼女に幼なじみのジョニーがプロポーズしてきた。ロレッタは愛してもいないのに承諾する。彼女は帰宅途中、酒屋に寄ってシャンパンを１本買い込み、父親に結婚話を報告。ジョニーが嫌いな彼は、それでも愛する娘のた

月の輝く夜に
１９８７年・米／ノーマン・ジュイソン監督／シェール、ニコラス・ケイジ、ダニー・アイエロ　問：20世紀フォックス ホームエンターテイメント　２９９０円　©2008 Metro-Goldwyn-Mayer Studios Inc. All Rights Reserved. Distributed by Twentieth Century Fox Home Entertainment LLC.

めにシャンパンが注がれたグラスの中に、角砂糖をひとつ入れて「シャンパン・カクテル」にし、ロレッタを祝福する。そんなジョニーには、絶縁している弟ロニー（ニコラス・ケイジ）がいた。彼は結婚式のことを弟に知らせるようロレッタに頼み、母親のお見舞いに。ロニーと対面した彼女は、汗まみれの肉体でぶっきらぼうに話す、ジョニーとは対照的な彼を一目で気に入ってしまい、彼もまた兄のフィアンセに惹かれるものを感じて……、ふたりは満月の夜、恋に落ちる。

ロレッタが酒屋で買ったコルドン・ルージュはレギュラーサイズの半分の容量の「ドゥミ・ブティーユ（375㎖）」だ。飛行機の中で見る可愛いサイズは188㎖の「キャール」、F1のレーサーたちが優勝の時に開けるのは3リットルの「ジェロボアム」サイズ、容量[※24]は188㎖から15000㎖まで10タイプもある。

すったもんだの挙句、ロレッタとロニーが結婚することになり、ラストのシーンでは家族や伯父夫婦が賑やかにシャンパン・カクテルを作ってお祝いだ。

「みんな乾杯だ」

「家族のために」

そして、ハッピーエンド。月の輝く夜には何かが起きる。男は狼に、女は……。

※24 ワインはボトルの容量が大きいほど、ゆっくり熟成する

何と言っても犬たちですら月に向かって吠えてしまうくらいなのだから。惚れやすいイタリア人気質を陽気に描いた傑作だ。

簡単でいて心浮き立つシャンパン・カクテルは、背の高いフルートグラスに角砂糖を投げ込むだけでできる。本格的な作り方など気にしないで、気軽に試せばいい。グラスの底に沈んだ角砂糖が少しずつ溶け出し、小さな泡が生まれる。絶え間なく連なるシャンパンの泡と崩れ落ちる角砂糖からのダブルバブルは、私たちを幸せな気持ちにしてくれる。一杯だけでも、さりげなくて贅沢な気分が味わえる。

映画の冒頭、メトロポリタン歌劇場で上演予定のオペラ『ラ・ボエーム』の看板が映る。このオペラは、映画の中盤でふたりの恋を大いに盛り上げる要素になる。オペラ好きのロニーは、兄のフィアンセであるロレッタを諦めようと決意するが、ひとつだけ条件を出す。それは〝愛する女性とオペラを一緒に観たい〟というものだった。ここからのロレッタの変身ぶりが見ものだ。ヘアー・ダイをし、眉を整え、メイクも完璧。ドレスとハイヒールで正装する。これがキマッていて最高なのだ。彼ももちろん正装だ。ふたりは歌劇場の噴水の前で待ち合わせる。でも、なかなかわからない。やっと気づく。ロニーは一瞬目を疑う。そして言う。「きれいだ」と。

う〜ん、憎いひとこと。ロレッタがここまで綺麗になれるのは、彼を愛しているからだし、彼も自分への愛を再確認したはずだ。満月の輝きに魅せられた男女の恋の不思議とシャンパン・カクテルは、とても似合っていた。

ロレッタのように結婚話はなくても、楽しい小説を読み終えた時や素敵な映画に出会った時には、やっぱりシャンパン。ひどく落ち込んだ時にだって、景気づけには絶対シャンパン。

たかがシャンパン、されどシャンパンなのだから……。

第 2 章

Bordeaux

ボルドー

『失楽園』で一躍有名になった シャトー・マルゴーは赤？ 白？ どちら？

ボルドーワインとブルゴーニュワインのどちらがお好みですか？ と聞かれて答えに困ることがある。両方ともに魅力があるから、即座に返事をするのが難しいのだ。さしずめフランス人的返答なら、こうなるのだろう。「黒髪は黒髪なりの、ブロンドはブロンドなりの良さがある。だから、どちらとも言えない」と。私なら何と表現しようか。

『失楽園』に登場してから知名度抜群になってしまったボルドーワインに「シャトー・マルゴー」がある。ここでは主人公の久木祥一郎と松原凛子との出会いから愛欲、情欲の果ての心中シーンで、このワインが使われる。

「あなたと一緒に抱きあったまま飲むわ。真っ赤なワインを、あなたがまず口に含んで、それから私の口に入れて……」（『失楽園』／渡辺淳一著／講談社刊）

ふたりは真っ赤な液体に青酸カリを入れ、心中する。

失楽園
1997年・日本／森田芳光監督／役所広司、黒木瞳 問：角川映画（発売元）4935円

✣ **シャトー・マルゴー 2005**
―Château Margaux 2005
ボルドーワインの中で〝女性的〟という形容が最も似合うワイン。最近は総支配人であるポンタリエの指揮下で〝強い女性のイメージ〟になったとの噂も。問：ファインズ オープン価格 ※写真は1994年のもの

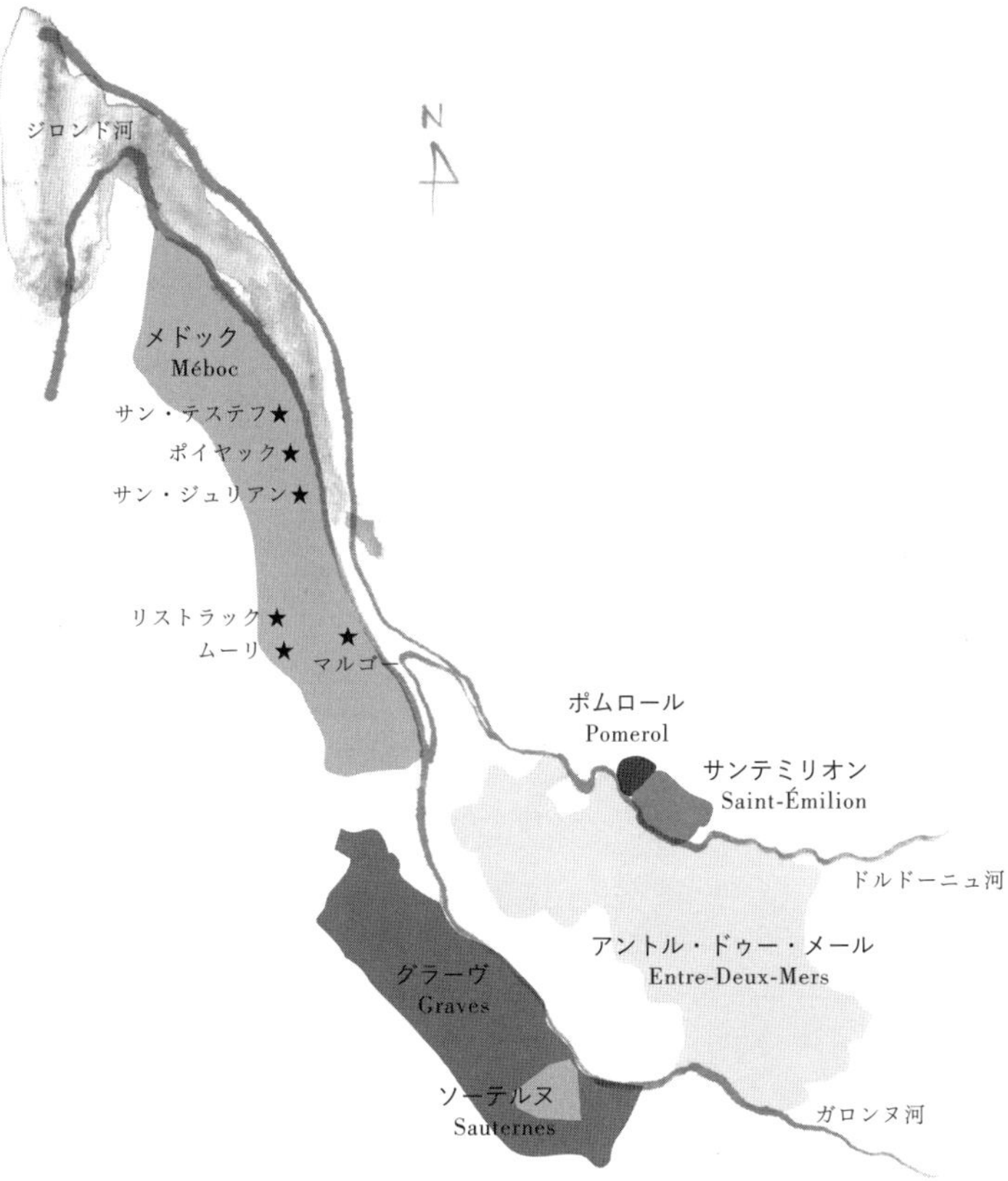
ジロンド河
N
メドック
Méboc
サン・テステフ★
ポイヤック★
サン・ジュリアン★
リストラック★
ムーリ★
★マルゴー
ポムロール
Pomerol
サンテミリオン
Saint-Émilion
ドルドーニュ河
アントル・ドゥー・メール
Entre-Deux-Mers
グラーヴ
Graves
ソーテルヌ
Sauternes
ガロンヌ河

Bordeaux

［ ボルドー ］

シャトー・マルゴーを巡る異常事態は、今までワインに縁のなかった人たちを酒販店やワイン専門店に出向かせることになった。

茨城県にある大手酒販店のマダムの話が面白かった。ブームの最中、茶髪の男の子が来店して言った。「テレビでやっていたシャトー・マルゴーをください」と。マダムがセラーからワインを出して値段を伝えると、相手はビックリして「そんなに高いの？　これって赤ワインなの？　それとも白ワイン？」と聞き返す〝マルゴー狂奏曲〟を端的に表している例だ。

茶髪くんが訳もわからず聞いたワインは……ボルドー地方メドック地区マルゴー村の極上赤ワインである。[※1]1855年の格付けではグラン・クリュ第1級、ボルドーの[※2]5大シャトーのひとつに数えられる名門である。

この伝統あるワインの素性は[※3]エチケットを見ればよくわかる。シャトー・マルゴーに限らず、ボルドーの格式ある[※4]シャトーワインはラベルの中に歴史があるのだ。

※1　ナポレオン3世の命により、1855年のパリ万博を機に格付けされた。500あまりのシャトーの中から58シャトー（分割などにより、現在は61）が選ばれ、それらのシャトーはさらに第1級から第5級までに格付けされた。格付け作業は、ボルドー商工会議所が、ボルドー証券取引所の仲買人組合に委託し、当時の取引価格やシャトーの名声を参考に行われた。

※2　格付け順に「ラフィット・ロートシルト」、「マルゴー」、「ラトゥール」、（グラーヴ地区の）「オー・ブリオン」、1973年に第1級に昇格した「ムートン・ロートシルト」を入れて「5大シャトー」と呼ぶ。

※3　ワインのラベルを表し、貴族たちが着席する順列を示す紙切れを意味していた。

シャトー・マルゴーのラベル　画像協力：エノテカ

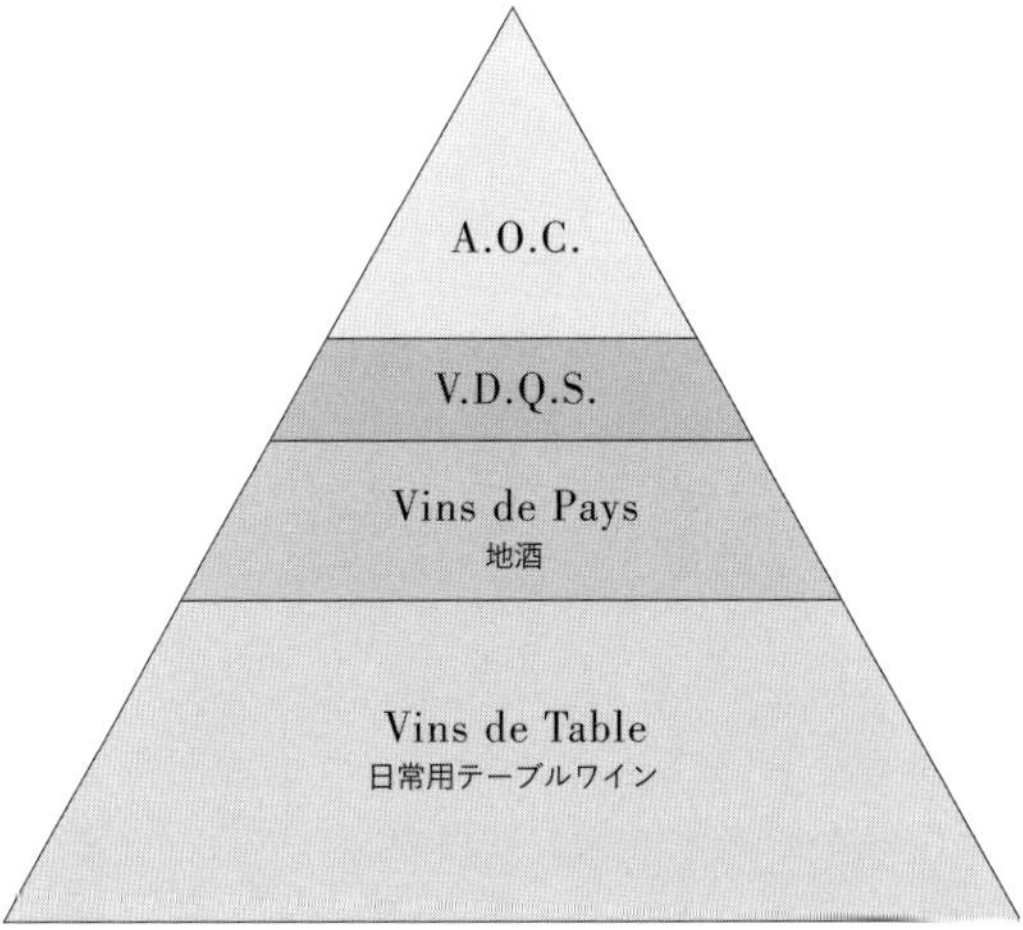

フランス・ワインのカテゴリー

ボルドーワインは「ブドウ畑の個性」＝「ワインの個性」

シャトー・マルゴーを参考にラベルをチェックしてみると（63ページ）、まず中央部にお洒落なシャトーの全景、その下にヴィンテージ。その下段にあるのが、「PREMIER（プルミエ） GRAND（グラン） CRU（クリュ） CLASSE（クラッセ）」で、1855年の格付けを示すものである。ラベルの下方にある「APPELLATION（アペラシオン） MARGAUX（マルゴー） CONTROLEE（コントロレ）」は「AOC」[※5]のことで、「原産地統制呼称」と訳されている。アペラシオン（呼称）の「A」と、コントロレ（統制）の「C」の間には「Origine（オリジン）」（産地）が入る。シャトー・マルゴーは産地がマルゴー村[※6]なのでマルゴーAC、つまりAPPELLATION MARGAUX CONTROLEEとなる。

ボルドーの産地は地方→地区→村の順に区分されている。一番広いエリアはボルドー地方全域をカバーする「ボルドーAC」。次がボルドー地方をより限定した「メドックAC」や「グラーヴAC」などの地区名。そして、最後が村名で、「マルゴ

※4 ボルドーの「シャトー」は本来「城」を意味するフランス語だが、ワイン用語ではオーナーの住まいや別荘、ワインの醸造所、ワイン貯蔵庫などの建造物に囲まれたブドウ園全体を指す。

※5 APPELLATION D'ORIGINE COTROLEE（アペラシオン・ドリジン・コントロレ）の略。1935年に制定。ブドウ品種、地域、栽培方法、剪定方法、醸造方法、最低アルコール度数と最高アルコール度数などの細かい規定が設けられている。それらをクリアし、かつワインの分析試験と試飲に合格したものがAOCを名乗れる。

※6 マルゴー村の周りの村（アルサック、ラバルド、カントナック、スーサン）で穫れたワインも、マルゴーACとなる。

ーAC」や「サン・テステフAC」となる。例えば「東京都」全域で造られるブドウより、23区のひとつ、「中央区」産のほうが明瞭だし、「中央区」産より「銀座」産となれば、一層個性も出やすい。つまり、フランスのAOCは、ブドウの産地が細かくなればなるほど、「ブドウ畑の個性」が明確になるので、「ワインの個性」もハッキリしてくると考えるのである。

フランスがAOCを作った背景は、19世紀末にブドウ園を襲ったフィロキセラ[※7]にあった。この害虫はブドウの樹を枯らし、多くのブドウ園に大打撃を与えた。混乱状態の中、悪質な製品がワインとして生産・売買され、良心的なワイン生産者はダメージを受けた。そのような状況の中、フランス政府は消費者を保護するため、ワインの品質保証と優れた産地を管理する目的でワイン法を制定したのである。

ワインは4つのカテゴリーに分類されている（63ページ）。基本はピラミッド型で底辺部分から順に「ヴァン・ド・ターブル[※8]（日常用テーブルワイン）」、「ヴァン・ド・ペイ[※9]（地酒）」、「VDQSワイン（原産地名称上質指定ワイン）」、「AOCワイン（原産地統制呼称ワイン）」となる。

ワイン初心者にとっての最初の難関は、グラーヴやマルゴーといった産地が、地[※10]

※7　ブドウ根アブラムシ。ブドウの樹の根について枯らせてしまう害虫。アメリカからの蒸気船の積荷に付着して上陸し、それがヨーロッパのブドウ畑に広がったと言われている。解決策としてはフィロキセラに強い北米東部原産のブドウ樹を台木にして接木する方法がある。

※8　フランス国内のワインをブレンドして造る。

※9　「ヴァン・ド・ペイ」はブドウ品種、地域、最低アルコール度数、分析、試飲検査の規定あり。

※10　「メドック」、「グラーヴ」、「ソーテルヌ」、「サンテミリオン」、「ポムロール」は必須地区。

区名なのか村[※11]名なのかということだ。これの近道は……主要産地を覚える以外ない。

紛らわしいことにマルゴーと名のつくワインが、シャトー・マルゴー以外にもう1種類ある。マルゴー村で収穫したブドウから造られる、口当たりがソフトで香りの良い3000円前後のワインだ。アペラシオンはマルゴーAC、ラベルには「マルゴー」と表記されている。これは「[※12]ネゴシアン・ブランド」と呼ばれるワインである。

『失楽園』ブームの折、マルゴーを指名して買いに来るお客様が多いとの情報があり調べてみたところ、何とこのカテゴリーのワインが伸びていることがわかった。大手メーカーのデータによると、前年と比べ2・3〜2・5倍も増加していた。『失楽園』を観た人が「映画の中のワインが飲みたい」と動いた結果、ネゴシアンもののマルゴーが売れたというわけだ。価格的にも納得できる赤ワインであり、名指しで購入した人たちは、「これが失楽園に出ていたワインか」と思って満足して飲んだのであろう。

ワインがよくわからない人にとっては、ネゴシアンものであろうと、グラン・ク

※11　メドックの中の「マルゴー」、「サン・ジュリアン」、「ポイヤック」、「サン・テステフ」の4つの村は覚えておきたい

※12　ネゴシアンとはワイン商および醸造輸出業者のこと。彼らはシャトーやブドウ生産者から買いつけたワインを国内外に販売する仕事をしている。同時にワインを樽で買い込み、購入したワインをブレンドして、自己のネゴシアン名にその産地名をつけて販売している。代表的なネゴシアンに「コーディア社」、「シシェル社」、「カルベ社」などがある。

リュ第1級のシャトー・マルゴーであろうと、「マルゴー」に変わりはないわけで、当然このような間違いは起こりうる。前述の茶髪くんにしても、親切な酒販店のマダムがいなければ、ネゴシアン・ブランドのマルゴーを「テレビに出ていたワイン」と思って購入し、帰宅したかもしれないのだから。シャトーとつくワインは、独自の「銘柄」になっている。だからワインの個性も明確で、それだけに価格も格も高いということになる。

シャトー・マルゴーでは「パヴィヨン・ルージュ・デュ・シャトー・マルゴー」という赤ワインも造っている。このワインはシャトー・マルゴーの「セカンドラベル」[※13]だ。洋服メーカーにある、妹ブランドのようなものと思えばよい。

実は、マルゴーのシャトーには、茶髪くんが突発的に聞いた「白ワイン」もあるのだ。だがシャトー・マルゴーと呼ぶことはできない。この白ワインはシャトー・マルゴーが所有するスーサン村の畑で収穫した白ブドウから造られるワインで、「パヴィヨン・ブラン・デュ・シャトー・マルゴー」と命名されている。スーサン村なら村の名前なのだから当然村名ワイン……と言いたいところだが、そうはいか

コーディア・コレクション・プリベ・マルゴー2005
Cordier Collection Privee Margaux 2005
大手ネゴシアンのコーディア社が造るマルゴー。優しくふくらみのある香りと、果実味あふれる味わいが特徴。問：サッポロビール　3780円

※13　セカンドワインとも呼ばれる。格付けシャトーの多くが造っており、シャトーものとして出すには力不足と思われるワイン、あるいは樹齢の若い樹から造られたワインを言う。シャトーものより低価格で、早めに飲めるというメリットあり。

ない。メドック地区のアペラシオンは「赤ワインのみ」と決められているので、マルゴーのシャトーで造るワインがいかに素晴らしくても、この白ワインは範囲が一番広い「ボルドーAC」になってしまう。価格は1万円前後である。ただし、通常のボルドーACのワインは2000円～3500円程度なので、「シャトー・マルゴー」という冠《かんむり》は絶大と言えるようだ。

『ソフィーの選択』のメリル・ストリープに見る、天上の楽園で飲むワイン「シャトー・マルゴー」

ボルドーワインは古くからワインの女王と呼ばれていた。多くのシャトーが立ち並ぶボルドーの中でも、ひときわ繊細で優雅なイメージのシャトー・マルゴーは〝女王の中の女王のワイン〟とか〝ボルドーの貴婦人〟と呼ばれている。

シャトー・マルゴーは『失楽園』のワインとして知られてしまった感があるが、このワインの本来の姿をじっくり見せてくれる映画に『ソフィーの選択』がある。

反ユダヤ気質のポーランド人でありながら、ナチスによる迫害を受け心身ともにボロボロになってしまったソフィーは終戦後、渡米する。アメリカに来て半年程経

ソフィーの選択
1982年・米／アラン・J・パクラ監督／メリル・ストリープ、ケビン・クライン

ったある日、彼女は詩集を調べるためにやってきたブルックリン大学図書館で倒れてしまう。栄養失調が原因の貧血だ。この時、親身になってソフィーを介抱したのが白称生物学者のネイサン（ケビン・クライン）で、この出会いはふたりの人生を変える運命的なものだった。

彼女が運ばれてきた場所はネイサンの家。ベッドに横たわっているソフィー、そして彼女の顔色が悪いのは鉄分が足りないからと「子牛のレバー」や「鉄分を多く含む西洋ネギのサラダ」を料理するネイサン。その彼が〝特別の日だから、特別のワインを〟といって用意したもの、それが「シャトー・マルゴー1937」だった。

ワインを口にした瞬間、ソフィーはつま先まで広がっていく甘美で力強いあたたかさと、過去数年間忘れていたワインの芳香と心のやすらぎを実感し、思わずつぶやく。

「もしこの世で……、この世で聖人のように清く生きて、そして死んだら、天上の楽園で飲ませてくれるのはこのワインよ」

これはシャトー・マルゴーの品格と本質を最も的確に表現した言葉だ。シャトー・マルゴーを〝言葉〟で、素晴らしいと実感させるこのシーンは、一見の価値がある。

『ソフィーの選択』のビデオは現在、廃版になっているが、大型のレンタルビデオ店にならいてあるはずだ。

『失楽園』では主人公ふたりが生きることを放棄しようとする時に、そして『ソフィーの選択』では生きるエネルギーを蘇らせようとする時に、シャトー・マルゴーを飲む。

『ソフィーの選択』のラストはネイサンの精神的な病いが原因で、悲劇的な最期を迎える。ふたりはベッドで抱き合ったまま服毒自殺を図るのだが、薬品は「シアン化カリウム」、あの青酸カリだ。メリル・ストリープの熱演で、芸術性の高い映画になった『ソフィーの選択』は、原作者スタイロンも満足する出来映えで、彼女も1982年のアカデミー主演女優賞に輝いた。

ちなみに『失楽園』も……、ふたりの最期は青酸カリだった。

「シャトー・ムートン・ロートシルト」で敵を見抜く
007『ダイヤモンドは永遠に』

ボルドー地方はフランス南西部にあるワイン銘醸地で、ブドウ畑はガロンヌ河[※14]とドルドーニュ河[※15]、2本の河川が合流するジロンド河[※16]の周辺に広がっている。これらの土壌は長い年月にわたって、上流から運ばれてきた小石や砂などが堆積してできたもので、地質の違いによって様々なスタイルのワインを誕生させている。砂礫《されき》質で水はけの良い土壌はブドウ栽培に適しており、メドックの銘醸地はその条件を備えている。

「最良のワインは河のほとりで造られる」という古い諺通りの産地なのである。

メドック地区のポーイヤック村にあるグラン・クリュ第1級シャトーには「ロートシルト」と名のつくものがふたつある。「シャトー・ラフィット・ロートシルト」[※17]と、「シャトー・ムートン・ロートシルト」だ。

前者は1855年の格付け第1級の筆頭である。「シャトー・ラフィット」という名前は、古いメドック語の〝高地、丘〟を意味する「La（ラ）hite（イ

※14 「グラーヴ」、「ソーテルヌ」はガロンヌ河左岸にある。
※15 「サンテミリオン」と「ポムロール」はドルドーニュ河の右岸にある。
※16 「メドック」はジロンド河左岸にある。

✣ **シャトー・ラフィット・ロートシルト2005**
Château Lafite-Rothschild 2005
1855年の第1級格付けワインの筆頭。宮中晩餐会での必須ワインとしても知られている。問：ファインズ オープン価格 ※写真は1999年のもの

ット)」が語源である。その後、シャトー・ラフィットは銀行家マイヤー・アムシェル・ロスチャイルドの5人息子の5男、ジェームズ男爵の手に渡ることになる。新生「シャトー・ラフィット・ロートシルト」の誕生、1868年のことだ。

一方、1855年の格付けが行われる2年前、マイヤーの孫のナサニエル男爵が買収し、所有していたのが「シャトー・ムートン・ロートシルト」である。「シャトー・ムートン・ロートシルト」はグラン・クリュ第2級の筆頭だったが、1世紀ほどを経て、第1級格付けとなる。

イギリスの諜報部員007こと、ジェームズ・ボンド(ショーン・コネリー)が活躍するシリーズのひとつ『ダイヤモンドは永遠に』に、この「シャトー・ムートン・ロートシルト」が登場する。

クイーン・エリザベス号に宿泊しているボンドを殺害しようと企てる二人組の犯人たちはソムリエに扮し、ルームサービスの特別料理を運んでくる。

「1955年のシャトー・ムートン・ロートシルト、逸品です」

「好かんな。(敵のひとりに向かって)君のアフター・シェイブの匂いが強すぎる。ワインは最高だ。しかし、この料理にはクラレットのほうが合う」

※17 ルイ15世の寵妃マダム・ポンパドゥールやマダム・デュ・バリに愛されたといわれるワイン。18世紀にはメドックの大地主ニコラ・アレクサンドル・ド・セギュール侯爵が所有し、ラフィットの評判を高めた。

007/ダイヤモンドは永遠に
1971年・英/ガイ・ハミルトン監督/ショーン・コネリー、チャールズ・グレイ、ラナ・ウッド

「いかにも。あいにく、当船にはクラレットがなくて」

「ムートン・ロートシルトはクラレットだ」

犯人は仰々しい鎖のついたタストヴァン※18を首から下げ、一見ソムリエ風。でも彼から漂ってくる匂いが怪しい。それに極上ワインの抜栓にソムリエナイフではなく、エア・ポンプ式※19のスクリューを使っている。疑問を抱いたボンドは、本物かどうかをチェックするため、彼にカマをかける。「この料理にはシャトー・ムートン・ロートシルトより、クラレットが合う」と。相手は戸惑いながら、「この船にはクラレットがない」と答える。このやりとりは、相手が偽物であることを示す大事なポイントになる。なぜなら「クラレット」はイギリスで「ボルドー産の赤ワイン」を指す言葉であり、イギリス人のボンドならではのセリフと言える。

もともと「claret（クラレット）」はフランス語の「clairet（クレーレ）」を英語風に呼んだもので、クレーレには〝明るい〟とか〝薄い〟という意味がある。昔のボルドーの赤ワインは今、私たちが飲んでいるようなしっかりとした濃いめのワインではなく、どちらかと言うと、ロゼに近い色合いだったと言われている。その淡い色からクレーレと呼ばれたらしい。そのクレーレはイギリス人たちから「クラレ

シャトー・ムートン・ロートシルト2005
Château Mouton-Rothschild 2005
1973年、特例的に第1級に昇格したシャトー。毎年ラベルが変わることで知られている。1997年ヴィンテージはフランス生まれNY育ちのニキ・ド・サンファルのラベル。問：ファインズ　オープン価格　※写真は1997年のもの

※18　利き酒用の銀製杯。
※19　空気圧を利用して抜栓するスクリュー。瓶が破裂する危険あり。

ット」と愛称され、ボルドー産の赤ワインの代名詞になった。

イギリスとフランスワインの関係は12世紀に遡る。フランスのアリエノール・ダキテーヌが1152年にルイ7世と離婚し、イギリスのヘンリー2世と再婚。これが縁でイギリスは多大な恩恵を受けることになる。王妃の持参金ならぬ、持参した土地の中にフランス南西部のワイン銘醸地、ボルドーが入っていたからである。1154年、正式にイギリスの王位についたふたりは、ノルマンディ、ブルターニュからスペインに至るまでの広い領土を手にする。そして、この後300年間ボルドーワインはイギリスのワインとして愛飲されることになるのである。

ピカソやブラック、キース・ヘリング……ムートン・ロートシルトのラベルはとにかくスゴイ!

品質から見て第1級にふさわしいと思われた「シャトー・ムートン・ロートシルト」が第2級格付けになったのは、1855年当時のオーナー、ナサニエル・ド・ロスチャイルド男爵がブドウ園を所有して間がなかったことや、国籍の問題などがあったようだ。その後、このシャトーを継いだフィリップ・ド・ロスチャイルド男爵はブドウ畑の改革に着手した。その結果、1973年の6月21日、農業大臣のジャック・シラクが「シャトー・ムートン・ロートシルト」をグラン・クリュ第1級として正式に認める書類にサインをした。フィリップ男爵の執念が実ったのである。1855年の格付けから今日までの150年という年月の中で変更があったのは、唯一「シャトー・ムートン・ロートシルト」だけである。

フィリップ・ド・ロスチャイルド男爵のこだわりのひとつが「ラベル」である。1924年、図案デザイナーのジャン・カルリュが描いたラベルを使って以降、1946年からは毎年世界の芸術家たちの未公開作品が使われている。第2級から第1級に昇格した1973年は「パブロ・ピカソ」だ。ピカソはこの年に死去しているが、記念すべき年のラベルはムートン私立美術館にあった彼の作品のひとつが使われた。

映画『ダイヤモンドは永遠に』に登場するワインは1955年もので、ラベルは「ジョルジュ・ブラック」の作品である。世界的にも著名な画家ブラックに依頼しただけのことはある。この年はブドウの作柄が素晴らしく、傑出したヴィンテージだったといわれているからだ。映画の中のボンドも大いに満足したことだろう。彼は〝最高のワイン〟と褒めていた。
　男爵の行った革新的な出来事はもうひとつ。収穫したワインの全てを自分のシャトーで瓶詰したことである。ワインのラベルに赤い字で記載してある「MIS（ミ）EN（ザン）BOUTEILLE（ブティユ）AU（オー）CHATEAU（シャトー）」がソレを示すもので、「シャトー元詰」と訳されている。当時、瓶詰はネゴシアンの仕事であった。彼らは樽買いした新酒を貯蔵しておき、単独あるいはブレンドして、シャトー名をつけ販売していた。しかしフィリップ男爵はワインの瓶詰めを彼ら任せにするのではなく、ブドウの栽培から瓶詰まで自らのシャトーで一貫して行うことを決断した。シャトー・ラフィット、シャトー・ラトゥール、シャトー・オー・ブリオン、シャトー・マルゴーなどの第1級シャトーが男爵の意義を理解し、やがてシャトー・ディケムも仲間に加わることになる。

　メドックの格付けシャトーの中で日本と深く関わっているのが、グラン・クリュ第3級の「シャトー・ラグランジュ」である。このシャトーを経営しているのは洋酒メーカーのサントリーで、1983年買収に成功した。欧米以外の企業によるフ

✣ **シャトー・ラグランジュ 2005**
Château Lagrange 2005
サントリーの買収により、飛躍的にワインの質が向上したシャトー。セカンドラベル「レ・フィエフ・ド・ラグランジュ」の人気も高い。問：ファインズ　オープン価格　※写真は1997年のもの

✣ **シャトー・ローザン・セグラ2005**
Château Rauzan-Ségla 2005
1994年にシャネルが獲得して以来、セラーの新設、畑の植え替え、排水など大規模な投資が行われた。シャネラー必須のワインアイテム。問：ファインズ　オープン価格　※写真は2002年のもの

ランスのシャトー所有は同社が初めてだった。引き継ぎ当初、シャトーの名声はあまり芳しいものではなかったが、最新醸造設備の導入、ブドウ畑の整備、醸造学者[※20]による指導などシャトー・ラグランジュは画期的な変化を見せ、今では高い評価を得ている。2008年11月、シャトーを取得して4半世紀を迎えることになった同社が開催した1984〜2006年までの全23ヴィンテージの垂直試飲会では、その実力を十分感じることができた。

1994年から第2級の「シャトー・ローザン・セグラ」を所有することになったのは、あのシャネルである。異業種からの参入はボルドーでも話題になっていた。シャネルは1996年、「シャトー・カノン」[※21]の獲得にも成功し、全ての施設と畑の改造計画にも着手している。シャネラーにとって、これらのシャトーは気になる存在かもしれない。

保守的で頑固なフランスのことだから、格付けの変更は不可能に近い。でも、グラン・クリュ・クラッセに入るだけの実力をもつワインもあるし、味わいと価格が魅力のワインもたくさんある。私のお気に入りは「シャトー・オー・マルビュゼ」だ。サン・テステフ村にあるシャトーで、ワインは十分過ぎるほどのタンニンを備えて

※20 フランス・ボルドー大学醸造研究所長をしていたエミール・ペイノー博士による指導で、画期的な進歩を遂げた。ペイノー博士は1970年代に低迷していたシャトー・マルゴーの再生にも力を貸した。

※21 サンテミリオン第1級格付け。フレッシュな赤い果実の香りを放つ、口当りが滑らかなワイン。メルロ55%、カベルネ・フラン45%の混醸。

いる。アルコールの広がりと甘さ、コク、余韻と、全てが素晴らしい。最近のいち押しは「シャトー・スミス・オー・ラフィット」。エレガントで、いつ飲んでも安定している味わいに惹かれている。ネーミングで面白いのは、「シャトー・シャス・スプリーン」。景気の悪い昨今、〝憂いを払う〟という意味をもつワインを飲み干すのは気分転換にいいだろう。

ボルドーワインは複数のブドウ品種をブレンドして造られる

ボルドーのワイン造りは「混醸」、つまりブドウを数品種ブレンドしてワインを造る。また、ボルドーでは地区によってメインとなるブドウ品種は少しずつ異なる。メドック地区は「カベルネ・ソーヴィニヨン」、サンテミリオン地区は「カベルネ・フラン」、ポムロール地区では「メルロ」という具合だ。

サンテミリオンで伝統あるワインと言えば「シャトー・オーゾンヌ」[※22]と、「シャトー・シュヴァル・ブラン」[※23]である。近年格付けシャトーよりも高額で取引されるシンデレラワインが、この地区から誕生した。「シャトー・ド・ヴァランドロー」[※24]で、

✣ **シャトー・ペトリュス 2003**
― Château Pétrus 2003
ワイン通垂涎の長熟タイプのワイン。問：エノテカ ※参考品

※22 石灰、粘土質土壌でメルロ主体のワイン。

※23 砂利質でカベルネ・フラン主体のワイン。

※24 ロバート・パーカーが高得点をつけたことで高評価を受けたワイン。

※25 ポムロールの土壌は酸化鉄を含む粘土質でメルロとの相性が良く、ボリューム感のあるきめの細かいワインができる。

1989年にブドウ畑を手に入れてから、わずか2年で名声を得たスーパーワインである。

ポムロール[※25]はサンテミリオンに隣接している地区であり、50年ほど前までは話題にのぼることなどなかった。ところが今では、ボルドーワインの中で最高値となり、幻のワインとまで言われた「シャトー・ペトリュス」や、それを凌ぐ価格になっている「ル・パン」など、ワイン愛好家注目の産地になっている。

その名の通り〝砂利〟の意味を持つのが「グラーヴ」地区だ。1855年の格付けで唯一、グラーヴから選ばれた「シャトー・オー・ブリオン」は、16世紀、ポンタック家が所有していた名門シャトーである。

「シャトー・ディケム」をご馳走してくれる紳士は『とまどい』の中に

1855年の格付けはメドック地区が余りにも有名だが、ソーテルヌ地区とバルザック地区でも行われていた。この時「グラン・プルミエ・クリュ」に輝いたのが「シャトー・ディケム」で、これは第1級の中でも〝特別の優れもの〟という意味

シャトー・ル・パン1994
Château Le Pin 1994
繊細かつ強靭な香りのワイン。並み居るボルドーワインを抑え、最高値で取り引きされる。
問：ピーロート・ジャパン
31万5000円

シャトー・オー・ブリオン2002
Château Haut-Brion 2002
メドックの格付けで、唯一グラーヴから選ばれたシャトー。クリュ・クラッセの中でいち早くステンレスタンク導入。
問：ファインズ　オープン価格

である。

ワイン界に参入して間もない頃、甘口白ワインの最高峰といわれる「シャトー・ディケム」[※26]のオーナー、アレクサンドル・ド・リュル・サリュース伯爵とご一緒にテイスティングできたことが強く印象に残っている。この時に飲んだワインは3種類。「イグレック1985」[※27]、「シャトー・ド・ファルグ1983」[※28]、そして極めつきが「シャトー・ディケム1982」[※29]である。

「甘口ワインなんて……」といった思い上がりが、全て払拭させられてしまう貴重な体験だった。1982年のワインは輝くような黄金色で、杏や蜂蜜の香りが実に見事。口に含んだ瞬間、蜜のような甘味が深く静かに広がっていく。

ソーテルヌ地区産の甘口白ワインは「ボトリティス・シネレア菌」が関与している。この菌はブドウに害を及ぼす「灰色カビ病」と背中合わせのもので、マイナスに出るとブドウはやられてしまう。しかし、プラス面に出ると、「貴腐菌」[※30]になり、類まれな甘美なワインに変身する。貴腐になる条件は温度差で、朝方、発生した霧がブドウ畑を包みこみ、この湿気がブドウに作用すると起きる。ただし、貴腐部分は、ずれて発生するため、ブドウを収穫する時には時間差が必要。貴腐になったブ

✣ **シャトー・ディケム2004**
| Château d'Yquem 2004
1855年の格付けで唯一のグラン・プルミエ・クリュ。デザートワインの王者。問：ファインズ　オープン価格
※写真は1985年のもの

※26　シャトーがつくと「シャトー・ディケム」、シャトーをつけずに呼ぶ時は、「イケム」となる。

※27　ソーテルヌは甘口ワインの産地だが、シャトー・ディケムで貴腐にならなかったブドウから造られる辛口白ワインが、「イグレック」。フランス語の"Y"で「イグレック」、イケムのY。

※28　イケムが所有する、格下のシャトーから造られる甘口ワイン。

ドウだけを段階的に収穫することになるので、2〜3カ月くらいかけて行うことになる。そのため、収穫時に収穫人を常時待機させておかなければならず、それも「手摘み」という作業なので大変な経費になる。このようにして丹精込めて収穫されたブドウの樹1本からとれるワインの量はなんと「グラス1杯」[※31]。まさに〝神の甘露〟とも言うべきワインなのである。

世界3大貴腐ワインと呼ばれているのは、フランスの「ソーテルヌ」[※32]、ドイツの「トロッケンベーレンアウスレーゼ」[※33]と、ハンガリーの「トカイアスーエッセンシア」[※34]。貴腐菌がつきやすいブドウは果皮の薄いのが特徴である。

「フランスが世界に誇るワインなのだから、フランス映画に登場していないはずはない！」と思いながら『シネマクラブ1998／1999』（ぴあ刊）をパラパラめくっていた時のこと。ワインを飲んでいるカットがあったので、念のためにビデオを借り、チェックをしてビックリした。井上陽水の歌のノリではないが、探し物が出てきたのだ。それも超高級レストランのシーンで……。

タイトルは『とまどい』。親子ほどの年齢差がある主人公ふたりの名前『ネリー&ムッシュ・アルノー』が原題になっている。

※29 ブドウの比率はセミヨン80％、ソーヴィニヨン・ブラン20％。

※30 貴腐菌の働きで、ブドウの果皮表面にあるロウ質が溶け、果粒中の水分が蒸発して糖度の高いブドウになる。

※31 通常、ブドウ1kgから造るワインの量はボトル（750㎖入り）1本である。

※32 シャトー・ディケムで初めて貴腐ブドウが収穫されたのは1847年。

※33 18世紀、ドイツのシュロス・ヨハニスベルグで収穫された。ブドウ品種は「リースリング」。

※34 17世紀、トランシルバニア公国ラコッキー家の礼拝堂牧師によって造られた。ブドウ品種は「フルミント」。

ネリー（エマニュエル・ベアール）は主婦。パートで生計を立てている。夫は1年間も失業中で働く気が全くない。家賃も滞納気味だ。ある日、女友達のジャクリーヌとカフェで落ち合ったネリーの前に、初老の紳士アルノーが現れる。彼は判事をしていたが、転職して実業家になった男である。ジャクリーヌの昔の恋人でもあった。

アルノーはネリーの様子から、彼女を気遣い、家賃の肩代りを申し出る。「私自身が嬉しいから」という理由だけで。借金をすることにこだわる彼女。でもお金は必要だ。結局、アルノーが取り組んでいる回顧録作りを手伝うことで借金話が決着する。

ネリーの存在はアルノーに幸福感を与えた。回顧録も快調だ。そんなある日、アルノーの背中に激痛が走る。彼の苦痛を救ったのは思いがけないネリーの整体だった。

アルノーは感謝の気持ちを表すため、彼女を高級レストランに招待する。パニエ[※35]に入ったワインをソムリエが大事そうに運んでくるシーンである。

「試飲はマダムに」

とまどい
1995年・仏／クロード・ソーテ監督／エマニュエル・ベアール、ミシェル・セロー、ジャン・ユーグ・アングラード

※35　年代物のワインを入れるワインバスケット。

グラスにワインが注がれ、ワインを口に含んだネリーは満足気に頷く。

「君より年上だね」

「61年ものです」とソムリエ。

「客より従業員の数が多い店なのね」

「値段に反映する」

「命の恩人にマクドナルドじゃ悪い」

アルノーとネリーはグラスを掲げ、乾杯をする。

見ていた私は、思わず画面にクギ付けになってしまった。黄金色に輝くワインがあまりに見事だったからである。フランス人でも、このような高級ワインを飲むことは滅多にないはずだ。シャトー・ディケムをレストランで、それも客より従業員の数の方が多い格調高いお店で注文するとなると……。いくらになるのか。まあ、支払いはアルノーなのだから、私が心配する必要などないのだが。ちなみに、東京の老舗の某高級フレンチで「シャトー・ディケム」を注文したとすると、グレート・ヴィンテージの1983年で7万6660円、オールド・ヴィンテージの1969年なら13万6500円である。

このシーンには、アルノーの彼女に対する気持ちが集約されている。アルノーは、人生に輝きを与えてくれた女性ネリーに対して特別の気持ちを表したかった。社会的にも金銭的に余裕のあるアルノーだからできる贅沢が〝特別のワイン〟を用意することだった。辛い痛みから救ってもらったのだから、ありきたりのワインでは意味がない。ワインの国フランスならではのワインの選択、ワインの登場のさせ方である。人生で一度は口にしたいと思っても、なかなか飲むことのできない極めつきの甘口ワイン、それがシャトー・ディケムなのだ。

シャトー・ディケムを好んだ有名人は多い。ロシアのロマノフ王朝のニコライに愛されたことでもよく知られている。ワインは100年以上の寿命を持ち、若い頃は黄金色なのだが、熟成を重ねるにつれ琥珀色に変化していく。

1995年の2月、クリミア半島の地下貯蔵庫に眠っていたシャトー・ディケムが開栓されたとの話が伝わってきた。ヴィンテージは1865年。130年以上の歳月を経て、空気に触れたワインは……まろやかで複雑な味わいを秘めていたようだ。瀟洒《しょうしゃ》な生活をしていたロシア皇帝が甘口のワインを秘蔵品にしていたのは最高の贅沢だったのだ。

故古賀政男氏も大のシャトー・ディケムファンだったとか。ホテルのレストランにお弟子さんたちを引き連れての食事では、最初から甘口一辺倒。世界最高峰の甘口ワインと言えども、食事全般と合わせるとなると、苦労した人もいたことだろう。シャトー・ディケムのオーナー、サリュース伯爵は「食事全般に通して合うワイン」と話していたが、私はメインディッシュに合わせて飲むより、デザートワインとしてお菓子と一緒に楽しむほうが素晴らしいと思っている。アプリコットタルトなどは絶妙の組み合わせと言えるだろう。

ワイン醸造の第一人者、故麻井宇介氏は、『比較ワイン文化考』(中央公論社刊)で「甘味は美味と同義語であり続けてきた」と記している。甘いもの＝美味しいものという考え方である。贅沢な生活で知られるロマノフ王朝の人々が、シャトー・ディケムを好んだのはこのような理由だったのだろう。人間が〝味覚〟を学ぶ過程で、一番最初に受け入れるのは「甘味」だそうである。確かに幼い頃は「お砂糖を使ったお菓子」が最高のご馳走だ。成長するにつれて「塩み」を受け入れ、やがて「酸味」を、そして「苦味」という順にマスターしていく。年寄りになると……甘味に戻るそうだ。もし貴方が、甘味をさかんに恋しがるようになっていたとしたら、年を取ってきた証拠かもしれない。

〝ワインの女王〟と言われるボルドーに対して〝ワインの王様〟と表現されるブルゴーニュ。でも私の感想はむしろ逆。ブルゴーニュの場合、ワインの味や香りを引き立てるボウル型のグラスも相手の気持ちをほぐすのに十分な、柔らかい曲線である。肉感的なイメージが広がってくる。一方のボルドーは、出来の悪い仲間がいたら友を救って全員でゴールしようと努力する体育会系のイメージである。カベルネが不作だったらメルロが助けるという具合に。ボルドー用のワイングラスも、ブルゴーニュより直線的なフォルムになっている。

ワイン遍歴を繰り返してきた私が、「ボルドーとブルゴーニュのどちらがお好みですか？」という質問に素直に答えられないのは曲線的でもなく、直線的でもない。つまり両方の世界にいつまでも関わっていたいからに他ならない。

第 3 章

Bourgogne

ブルゴーニュ

私の知人に「ピノ・ノワール」[※1]にハマっている男がいる。彼にとってはボルドーの銘醸ワインであれ何であれ、眼中にない。ピノ・ノワールから造られる赤ワインが最高！　と言ってはばからない。

ニュー・ワールドの中にはピノ・ノワールに取りつかれ、本家ブルゴーニュに拮抗する醸造家[※2]も現れている。大の男たち（もちろん、中には女性もいる）をここまで熱中させてしまうピノ・ノワールとは一体……。

ジャンヌ・モローがワイン産地を連呼する『突然炎のごとく』

かつて、フランス映画界にヌーヴェル・ヴァーグ、〝新しい波〟と呼ばれた時代があった。代表的な監督はフランソワ・トリュフォー、代表的女優はジャンヌ・モロー。トリュフォー監督は1984年に死去しているが、彼女は上品に年を重ね、素敵なマダムになっている。'90年代になってから、リュック・ベッソン監督の映画『ニキータ』に出演していた。政府の裏組織で働く女教官で、主人公にレディ教育やお化粧の仕方を指導する役だ。ニキータも不良上がりなのだが、ジャンヌ・モロ

※1　ブルゴーニュ地方の高級赤ワイン用品種。ピノ・ノワールは新しい土地に馴染みにくく安定性に欠けるため、栽培が難しい。シャンパーニュ地方の主要品種でもある。

※2　近年、クローン（耐寒、耐疫、収量などの特性を考えて、ブドウの母木からさし木や接木などで増やされたもの）の研究が進んだことで、高品質のワインが誕生している。ピノ・ノワールにこだわるカレラのジェンセン、オ・ボン・クリマのクレデネン（ともにカリフォルニア州）、アイリー・ヴィンヤーズの故デイビッド・レット（オレゴン州）の造るワインは世界中から高い評価を得ている。

Bourgogne
[ブルゴーニュ]

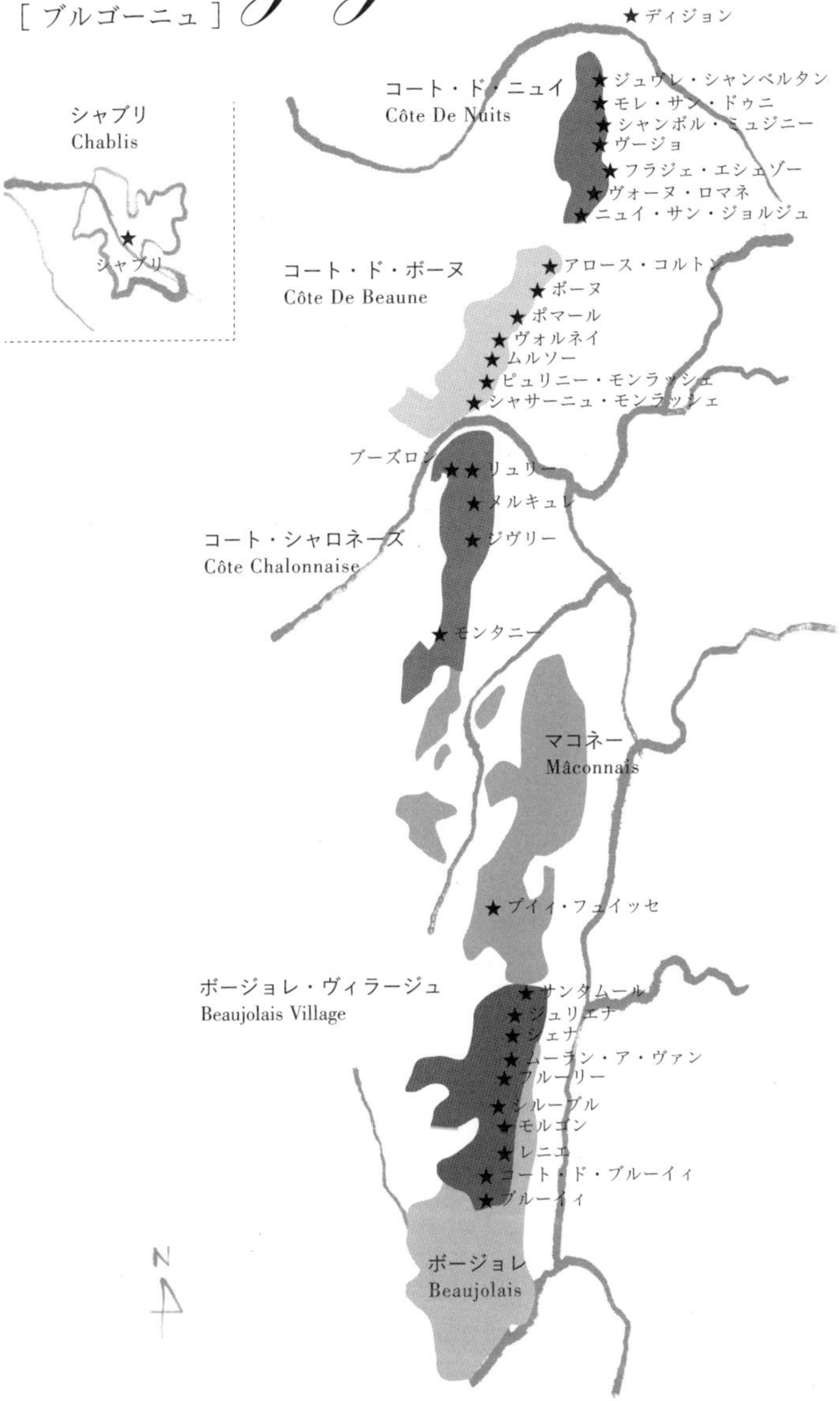
シャブリ
Chablis
シャブリ
ディジョン
コート・ド・ニュイ
Côte De Nuits
ジュヴレ・シャンベルタン
モレ・サン・ドゥニ
シャンボル・ミュジニー
ヴージョ
フラジェ・エシェゾー
ヴォーヌ・ロマネ
ニュイ・サン・ジョルジュ
コート・ド・ボーヌ
Côte De Beaune
アロース・コルトン
ボーヌ
ポマール
ヴォルネイ
ムルソー
ピュリニー・モンラッシェ
シャサーニュ・モンラッシェ
ブーズロン
リュリー
メルキュレ
コート・シャロネーズ
Côte Chalonnaise
ジヴリー
モンタニー
マコネー
Mâconnais
プイィ・フュイッセ
ボージョレ・ヴィラージュ
Beaujolais Village
サンタムール
ジュリエナ
シェナ
ムーラン・ア・ヴァン
フルーリー
シルーブル
モルゴン
レニエ
コート・ド・ブルーイィ
ブルーイィ
ボージョレ
Beaujolais
N

ーの教官もかつては悪の仲間。前歴ある過去をもつ女という設定だけあって、彼女がニキータに言う「女には限りないものが2つある。美しさと、それを乱用すること」のセリフにはとても重みがあり、ジャンヌ・モローならではの雰囲気があった。

このフランスを代表する美人女優が、ヌーヴェル・ヴァーグ全盛の頃に主演した作品『突然炎のごとく』に、興味惹かれるシーンがある。

彼女が演じるカトリーヌは、ギリシャの女神像を彷彿とさせる微笑をもつ女性。その美に惹かれる男たちは多い。ピノ・ノワールが人を惹きつけるように、彼女も男たちを虜にしてしまう。そのカトリーヌが映画の中で、得意げになって暗誦するもの……、それは何と有名シャトーやブルゴーニュの銘醸地の名前なのだ。ワインが登場する映画はあっても、これほどフランスのワイン産地や、シャトー名を連呼する映画は見当たらない。

ヌーヴェル・ヴァーグの誕生から40年目を記念した1999年に、渋谷の映画館で『突然炎のごとく』をリヴァイバル上映していた。一日1回のレイト・ロードショーだった。担当者曰く「5週間の予定で始めたのだが、結果として7週間の上映

突然炎のごとく
1961年・仏／フランソワ・トリュフォー監督／ジャンヌ・モロー、オスカー・ウェルナー、アンリ・セール

になった。21時20分という遅い時間帯だったせいか、観客層は20代が圧倒的。彼らの多くは〝ヌーヴェル・ヴァーグの代表作〟をスクリーンで直接観たくてやってきた」と。それを聞いていた私は、思わずニンマリしてしまった。

映画『突然炎のごとく』の原題は『ジュールとジム』、主人公の男たちの名前である。

オーストリア青年のジュールと、フランスの青年ジムは気の合った文学仲間であり、自由な恋愛を楽しんでいた。ギリシャを旅した2人はアルカイックスマイルの女神像を見て、心奪われる。そんなある日、魅力的な女性カトリーヌ（ジャンヌ・モロー）が出現する。ギリシャで見た女神像そっくりの彼女に、ふたりは同時に恋に落ちる。ふたりの男と、ひとりの女の奇妙な愛情と友情。しかし、それもジュールが彼女にプロポーズしたことで決着する。やがて、第一次世界大戦が勃発し、ジムとジュールはそれぞれ敵同士として戦地に赴くことになる。終戦後、ジムはライン河畔に住むジュール夫妻から招待を受ける。久し振りの再会に喜ぶ彼らだったが、ジュールとカトリーヌの仲は冷え切っていた。

ジュールがカトリーヌに言う。

「君にもドイツビールを味わってほしい」

「フランス人はビールが嫌いよ。フランスは世界一のワイン産地。ボルドー産だけでも……、シャトー・ラフィット、シャトー・マルゴー、シャトー・ディケム、サンテミリオン、サンジュリアン、アントル・ド・メール、シャンパン、これは序の口、まだまだあるわ。(ブルゴーニュでは)クロ・ド・ヴージョ、ラ・ロマネ、シャンベルタン、ボーヌ、ポマール、シャブリ、モンラッシェ、ヴォルネイ。ボジョレーは……、プイィ[※3]・フュイッセ、プイィ・ロシェ、ムーラン・ナ・ヴァン、フルーリー、モルゴン、ブルイィ、サンタムール」

ワイン産地を早口でまくしたてるジャンヌ・モローは実にチャーミングだ。

原作者アンリー・ピエール・ロシェに心酔していたと言われるトリュフォー監督だけに、映画は基本的には原作(ハヤカワ文庫刊／絶版)に忠実である。むしろ原作を超えた瑞々しさがある。ただ、産地を暗誦する箇所は小説のどこにもないので、ここだけは彼のオリジナル部分なのだろう。

監督の脚本通りに、ワイン案内をしたカトリーヌにならって見ていくと、まずボ

※3 プイィ・フュイッセ、プイィ・ロシェは「ボジョレー地区」ではなく、それより少し北に位置する「マコネー地区」にある。

シャブリ2005(ドメーヌ・ウィリアム・フェーブル)
Chablis 2005 Domaine William Fevre
シャルドネ100％の切れ味鋭い、ミネラル風味あふれる辛口ワイン。問：ファインズ オープン価格

ルドーの超有名なシャトーから、ボルドーのワイン産地、シャンパンと続き、さらにブルゴーニュの銘醸地となる。シャブリやプイィ・フュイッセ、プイィ・ロシェの出てくる場所に問題はあるが、ブルゴーニュを説明するのにはうってつけのシーンだ。

ブルゴーニュの最上級のワインには
ブドウの穫れた畑名まで書くのがお約束！

ブルゴーニュ地方はボルドー地方と並ぶ、フランスのワイン銘醸地である。

ブルゴーニュ地方の最北部には辛口白ワインで有名な「シャブリ地区」がある。

シャブリはキメリジャン[※4]に植えられた白ブドウ品種シャルドネ[※5]から造られる酸味のメリハリが効いたワインである。シャブリのアペラシオンは上から順に「シャブリ・グラン・クリュ[※6]（シャブリの特級畑）」、「シャブリ・プルミエ・クリュ[※7]（シャブリの一級畑）」、「シャブリ」、「プティ・シャブリ」となっている。

ディジョン市の南からニュイ・サン・ジョルジュ村の南までのエリアが、「コー

※4　2億年前の無数の貝殻が堆積した粘土石灰層の土壌。

※5　ブルゴーニュ地方やシャンパーニュ地方の高級白ブドウ品種。比較的栽培しやすいため、世界各国に普及し、人気を集めている。

※6　シャブリの特級畑は「レ・クロ」、「ヴォデジール」、「ヴァルミュール」、「ブランショ」、「ブグロ」、「レ・プリューズ」、「グルヌイユ」の7つからなる。

※7　シャブリの一級畑で有名な畑は「フルショーム」、「コート・ドゥ・レシェ」、「モンマン」など。

ト・ド・ニュイ地区」になる。カトリーヌが言っていた「クロ・ド・ヴージョ」、「ラ・ロマネ」、「シャンベルタン」などは、この地区の赤ワインで100%ピノ・ノワールから造られる。コート・ド・ニュイ地区には赤ワインの銘醸地が多い。

ブルゴーニュのワインは基本的に「単醸[※8]」なので、ボルドーワインのように何種類もブドウを混ぜて造ることはしない。1種類のブドウだけを使って醸造する。

ボルドーの項で書いたように、フランスにはワインの原産地およびワインの品質を保護する目的で制定されたAOCがある。ここでは地方より地区、地区より村で、産地の単位が細分化すればするほどワインの個性がハッキリすると考えられている。ワインの格も当然上がるわけだ。ブルゴーニュの場合は村の単位からさらに細分化し、最小単位は「畑」になる。つまり、地方→地区→村→畑、の順である。

カトリーヌが暗誦した3つの産地は全て「グラン・クリュ」、畑は畑でも最上級の畑である。「ジュヴレ・シャンベルタン村」にある「シャンベルタン畑[※9]」、「ヴージョ村」にある「クロ・ド・ヴージョ畑」、そして「ヴォーヌ・ロマネ村」にある「ラ・ロマネ畑」だ。これらの畑の名前は、全てワインの名前。フランスではワインの

※8　単一品種だけを用いてワイン醸造すること。

※9　シャンベルタンは13世紀、ベルタンという農夫が所有していた畑（Champ de Bertin＝ベルタンさんの畑）から命名されたと言われている。ナポレオンに愛された赤ワインということでも有名である。

原産地を最も重視しているため、産地名がワイン名になっているのだ。

ブルゴーニュは地質や、畑の角度（どの方角を向いているか）によって、「グラン・クリュ」か「プルミエ・クリュ」に分けられている。驚くべきことに、これらの区分けは科学が万能でなかった時代、すでに修道士たちによって明確に分類されていた。彼らは長年のブドウ栽培で培った経験を活かし、見事に畑の優劣を見極めていた。由緒あるブドウ園の多くは修道院が管理していたが、グラン・クリュや、プルミエ・クリュに格付けされている畑の多くは、シトー派修道院が所有していた。冒頭のシャブリも同様で、彼らが目をつけ、開拓したエリアに特級畑7つ全てが入っているのだから、驚きである。

「クロ・ド・ヴージョ」は、12世紀初頭、地元の郷士たちからの寄贈地に修道院を建てたことから開拓が始まった、シトー派のブドウ園である。現在、ヴージョ村にある「クロ・ド・ヴージョ」は、50ヘクタールの畑に、80人弱の所有者がいる。なぜこのようなことが起こったかというと……フランス革命の時に、修道院や貴族が所有していたブドウ畑が没収され、細かく分割して地元農民に売却された。ナポレオン時代には「均分相続」が義務づけられていたため、ブドウ畑の所有者は遺産相

クロ・ド・ヴージョ2005（ドメーヌ・ルロワ）
Clos de Vougeot 2005
Domaine Leroy
ブルゴーニュきっての名醸造家マダム・ルロワが造る“力強さと優しさ”にあふれる赤ワイン。問：グッドリブ　12万6000円

続の際、畑を子供の数で均等に分与しなければならず、畑の細分化に拍車がかかった。同じ名前のワインであっても、土壌、畑の位置、それから造り手の熱意などによって、ワインの味わいに大きな違いが出てしまう。つまり、ブルゴーニュのワイン選びで大事なことは、ブドウができる土地（村や畑）と造り手なのだ。こだわりの生産者が造るワインは生産量が少ない分、入手し難いが、それだけにワインを手に入れ、イメージ通りの味わいを実感した時、言葉では表せない感激がある。

映画『バベットの晩餐会』は、禁欲を美徳とする牧師の生誕100年の祝賀会がヤマになっているが、映画ではやはりシトー派にちなんでクロ・ド・ヴージョのワインが登場していた。祝賀会が行われたのは1885年、用意された赤ワインのヴィンテージは1845年。40年という歳月を経たワインは、スクリーンからでも熟成がわかるくらいの茶系に変化していたのが印象的であった。

ちなみに「ラ・ロマネ」はヴォーヌ・ロマネ村[※10]の特級畑のひとつで、面積はブルゴーニュの中で一番狭い。この村は極めて偉大なワインを生みだすブルゴーニュきっての赤ワイン産地で、世界最高峰の赤ワインとして君臨している「ロマネ・コンティ」もヴォーヌ・ロマネ村産である。

※10　ヴォーヌ・ロマネ村には「ラ・ロマネ」、「ロマネ・コンティ」以外に、「ラ・ターシュ」、「リシュブール」、「ロマネ・サン・ヴィヴァン」、「ラ・グランド・リュ」の特級畑がある。

『仮面の男』でディカプリオが演じたルイ14世は、ロマネ・コンティで病を治した？

レオナルド・ディカプリオが4人の名優を引き連れて、17世紀のフランス絶対王政の煌《きら》びやかさを再現してくれたのが、『仮面の男』である。彼が演じたのは、ルイ14世と双子の弟フィリップの二役。『仮面の男』はアレクサンドル・デュマの『ダルタニアン物語』の中にある『鉄仮面』のストーリーを大胆に書きかえた痛快歴史活劇である。

ルイ13世に仕えた伝説の騎士たちは今ではのんびりとした隠居暮らし。彼らのひとり、アトス（ジョン・マルコヴィッチ）の心の拠り所はひとり息子ラウルの存在だった。ある日、ラウルは恋人クリスティーヌと国王主催の園遊会に出席する。美しいクリスティーヌの姿に目をとめたのは国王のルイ14世（レオナルド・ディカプリオ）。横恋慕したルイは、ラウルを危険な戦地に送る命令を下す。その赴任直後届いた〝ラウル戦死〟の悲報は、クリスティーヌと父親アトスの運命を大きく変え

仮面の男
1998年・米／ランダル・ウォレス監督／レオナルド・ディカプリオ、ジェレミー・アイアンズ、ジョン・マルコヴィッチ、ジェラール・ドパルデュー、ガブリエル・バーン

てしまう。なんとしてもクリスティーヌを手に入れようとするルイは、彼女のために最高のディナーを用意する。クリスティーヌに「愛する者を失ったからといって、心を石にすることはない……」と甘い言葉で語りかけ、グラスに注がれた赤ワインを掲げて言う。

「健康を！」と。

ルイ14世が好んだといわれているワインは、ヴォーヌ・ロマネ村のものだが、その中でも特に有名なのが「ロマネの畑」のワイン。現在の「ロマネ・コンティ」[※11]にあたるワインだ。すでにこの時代、ヴォーヌ・ロマネ村の畑が他の畑より優れていることは知られていた。ただ、ワインの味わいは現在、私たちが飲んでいるワインと違い、樽で2〜3年寝かせたものを極上のワインとして飲んでいたらしい。「ロマネ・コンティ」の名は、ヴォーヌ・ロマネ村の最高の畑に命名された「ロマネ」と、18世紀にこの畑を買ったブルボン王朝のコンティ公の「コンティ」から命名されたと言われている。ルイ14世の時代より、1世紀ほど後のことである。

ルイ14世の健康とロマネ・コンティとの逸話には諸説ある。

映画『パリのレストラン』には、ルイ14世の痔の病を治療するための特効薬とし

※11　「ロマネ・コンティ」と「ラ・ターシュ」は単一畑（モノポール）で現在、DRC（ドメーヌ・ド・ラ・ロマネ・コンティ社）が所有している。ドメーヌはブルゴーニュで自己畑を持ち、醸造、生産までを行う。ボルドーでのシャトーにあたる。

て「シャンボル・ミュズニィが使われた」と語るシーンがあった。また、ブルゴーニュのミッションが来日し、ブルゴーニュワインセミナーが行われた時は、ルイ14世の胃潰瘍を治すために「ニュイ・サン・ジョルジュが飲まれた」と。全て本当らしく聞こえてしまう。シャンボル・ミュズニィにしても、ニュイ・サン・ジョルジュにしてもブルゴーニュの銘醸地コート・ド・ニュイ地区の由緒ある赤ワインなので、ルイ14世が飲んだ可能性は高い。

リチャード・オルニー氏の『ロマネ・コンティ』（TBSブリタニカ刊／山本博訳）によれば、1693年の11月、王族子弟の主治医だったファゴンがルイ14世を周期的に襲う痛風の痛みを和らげるため、シャンパンの代わりに〝古いブルゴーニュワインを処方した〟と記している。が、ワインそのものの名前は限定されていない。

ヴェルサイユ宮殿を完成させ、フランスの黄金期を築いたルイ14世は〝太陽王〟の名を後世に残した。そして彼に愛されたブルゴーニュワインも〝ワインの王〟として君臨することになる。特に際立った輝きを見せているのが、世界中のワイン愛好家たちから羨望のまなざしを向けられている赤ワインの逸品「ロマネ・コンティ」だ。

ロマネ・コンティ2005（ドメーヌ・ド・ラ・ロマネ・コンティ）
Romanée-Conti 2005
Domaine de la Romanée Conti
DRCが所有する単一畑から産出される赤ワイン。凝縮した果実味とアフターテイストの長さは断トツ。ラベルに年間生産本数と瓶詰めNo.（ナンバリング）の表示あり。問：ファインズ　オープン価格　※写真は1989年のもの

『肉体の悪魔』の中でジェラール・フィリップがクレームをつけた〝コルク臭〟って何？

「コート・ド・ニュイ地区」をさらに南下すると、「コート・ド・ボーヌ地区」に入る。この地区のワイン生産量の3分の2は赤ワイン、3分の1は白ワインである。前述した『突然炎のごとく』でのカトリーヌの言葉通り、ここには「ボーヌ」、「ポマール」、「ヴォルネイ」といった村々がある。コート・ド・ニュイとコート・ド・ボーヌの2地区は総称して「コート・ドール地区（黄金の丘）」と呼ばれている。「ボーヌ」の街はコート・ドールの中央に位置し、中世の頃、ブルゴーニュ公が館を構えていた所である。当時、ブルゴーニュ公は国王より力が勝っていたと言われており、「多産で劣悪なガメ」を引き抜く命令を出し、ブルゴーニュの赤ワインを「ピノ・ノワール」に変えさせたことで知られている。ブドウ畑の品質維持にこだわっていたと考えられる出来事である。

ボーヌに続く「ポマール」や「ヴォルネイ」は赤ワインだけの産地である。

肉体の悪魔
1947年・仏／クロード・オータン＝ララ監督／ジェラール・フィリップ、ミシュリーヌ・プレール

『突然炎のごとく』と同じく第一次世界大戦を背景にした映画で、フランス映画史上、最も美しいと言われた男優ジェラール・フィリップの『肉体の悪魔』に「ポマール」が登場する。

彼は〝繊細で気高い貴公子〟、〝永遠の二枚目〟として今でも愛され続けている俳優だ。ワインに例えるなら豊かな香りのグラン・ヴァンだが、いたずらでせっかちな神は、〝ジェラール・フィリップ〟という名のワインの熟成を待ちきれず、わずか36年で飲み干してしまった。でも私たちは『肉体の悪魔』の中に、彼から漂う優雅な香りを感じ取ることができる。彼の名前を不滅のものにした作品の中で、フィリップは年上の女性に恋する高校生を演じていた。

フランソワ（ジェラール・フィリップ）は切手のコレクションを売ってデート代を稼ぎ、マルト（ミシュリーヌ・プレール）とパリのレストランに出かける。食事はイノシシ料理、ワインは「ポマールの１９０６年もの」を注文する。

ポマールは、コート・ド・ボーヌ地区のポマール村で産出される赤ワインで、しっかりした重厚さが特徴である。１９０６年はブルゴーニュの赤にとって非常に秀逸なヴィンテージ。だから自分が十分に大人であると年上の恋人に主張するにはグッドな選択だった。

野生のイノシシ独特の臭みとブルゴーニュの上物、ポマールが熟成によって生じる動物的な香りは最高の組み合わせのはずだったのだが……。

ソムリエから「1906年ものが切れているので、1905年ものではいかがですか」と問いかけられ、彼は「それでいいよ」と答える。運ばれてきたワインをひと口飲んだマルトは、フランソワに「コルク臭いわ」と告げる。

「そうかな」とフランソワ。

「感じない？」とマルト。

「そう言えば……。ソムリエ！　コルク臭いよ！」

フランソワはワインにクレームをつけるという行動をとる。

「コルク臭？　まさか！　お待ちを……」

ソムリエたちはワインに異常がないことを主張する。しかし、支配人の「替えたまえ」のひと言でワインは交換されることになる。

さて、このコルク臭、欠陥ワインのひとつだが、コルクそのものの匂いではない。

どのような匂いがするのかというと……誰も住んでいない閉めきったままの古い洋

✣ **ポマール・エプノ2004（ルイ・ラトゥール）**
Pommard-Epenots 2004
Louis Latour
ポマール村の中で最も評判の高い一級畑エプノ。ワインは時を経ると共に素晴らしさを発揮する長熟タイプ。ジビエ（狩猟鳥獣）のように素材にクセのある肉料理と合わせたい。問：アサヒビール　オープン価格　※写真は2000年のもの

館をイメージしてみてほしい。その建物に入った瞬間、暗闇の中から鼻に感じるカビっぽさ、そんな匂いだ。

1993年、フランスの学者パスカル・シャトネによって、コルク臭の原因がTCA（トリクロロアニソール）であることが解明された。コルク栓はポルトガル原産のコルク樫[※12]の皮を剥いで作るが、採取したコルクの表層部分をコルク栓に成形した後、雑菌除去と漂白の目的で次亜鉛素酸ナトリウム水溶液で処理する。この時、コルク栓に残留した塩素が、瓶熟成期間中、ある種のカビによってTCAに変化すると、不快なコルク臭が発生してしまう。また、TCA汚染は空気媒体により、醸造所内部、木桶、タンクなどにも影響を及ぼすことがわかっている。

天然コルクで打栓したボトルの5〜6％がコルク臭に由来するダメージということもあり、現在、コルクの代替栓についての研究も進んでいる。中でも注目すべき存在がスクリューキャップ[※13]（以後SC）である。

オーストラリアでは1980年代からSCを導入していたが、市場での受けが今

※12　コルク樫の平均樹齢は150年。20年以上経つと皮を採取でき、その後9年以上で再採取可能になる。

※13　長年の研究開発の末に生まれたワイン専用の栓。ワインの熟成具合や耐久性についての実験、研究が行われているが、赤ワインより、白ワインへの導入のほうが盛ん。

ひとつ芳しくないこともあり、しばらくの間、低迷していた。世間の注目を集めることになったのは、南オーストラリア州クレア・ヴァレーのワイン生産者たちが行った〝ある行動〟。10数社のワイナリーが一斉に、SCで打栓した2000年ヴィンテージのリースリングをリリースしたのだ。この衝撃的な出来事について、リーダー役のジェフリー・グロセットは、「2000年ヴィンテージの70%をSCでボトル詰めして2週間で完売した」と語っている。これを契機に、オーストラリアやニュージーランドのワイナリーでは本格的にSCの導入を開始した。ニュージーランドでは2006年ヴィンテージのSC使用率は90%近くにまで達する見込みだそうだ。

2003年にオーストラリア産のSC仕様のリースリング1980を飲み、そのワインに満足したのはフランスのミッシェル・ラロッシュである。彼はヨーロッパにおけるSCの推進派であり、2002年ヴィンテージから、彼が造る最高級のクラス「シャブリ・グラン・クリュ　レゼルブ・ドゥ・ロベディアンス」にSCを導入している。そのラロッシュは決定打として2004年ヴィンテージからロベディアンスのコルク栓を廃止し、SC一本で行くことに決めた。

SCとコルクで打栓した「レゼルブ・ドゥ・ロベディアンス2002」を、彼が来日した時に比較試飲させていただいた。SCのほうは輝きがある若々しいイエロー、フレッシュで果実味もあり、生き生きした酸がとても印象的。口中に広がるミネラル感も心地よく、上品さを感じた。コルク栓のほうはすでに熟成に入っており、SCのタイプより黄色味が強く、口中でもまったりした味わい。私はどちらかというとコルク派なのだが、この時はSC仕様のワインのほうが爽やかで好感がもてた。ラロッシュは「SCに変えてからコルク臭によるクレームはゼロ」と話しており、2002年から始まった代替栓への挑戦には満足しているようだ。

世界のワイン通から高評価を受けているブルゴーニュ地方のドミニク・ラフォン。彼は1999年にマコネー地区にブドウ畑を購入し、ピュアな印象のマコンを生産しているが、2008年6月以降入荷するスタンダードなマコンにSCを導入している。完璧主義のラフォン曰く「SCには利便性があるし、世界的に広く認知されるようになってくれれば、今までいい加減な対応しかしてこなかったコルク業者にもプレッシャーをかけることができる」と。

『肉体の悪魔』の原作（レイモン・ラディゲ著／新潮社／新庄嘉章訳）は何度となく読んでいるが、小説には主人公の名前も、レストランのシーンもない。これらは映画製作のために作られたものだ。でも、ジェラール・フィリップは、〝フランソワ〟として、脳裏に強く焼きついているし、レストランの〝コルク臭〟の場面も、映画『肉体の悪魔』の名場面になっている。そのコルク臭のシーンから60年以上が過ぎた現在、ワイン生産者たちは天然コルクに代わる新しい栓の存在に注視している。保守的と言われてきたフランスの、中でも著名な生産者たちの代替栓に対する考え方が柔軟になってきているだけに、その動きからは目が離せそうもない。

『裏窓』でのユーモラスなシーン モンラッシェは〝帽子を手にし、ひざまずいて飲むべし〟

コート・ド・ボーヌ地区は銘醸白ワインが多い。中でも秀逸なのは、「モンラッシェ」である。

映画界の巨匠アルフレッド・ヒッチコックが、ニューヨークのグリニッジ・ヴィレッジのマンションを舞台にした名画『裏窓』に、食通の彼らしい凝ったシーンがある。この時、彼が用意したワインは「モンラッシェ」だった。

写真家ジェフリー（ジェームズ・スチュアート）は自動車レースの劇的瞬間を撮影したものの、脚を骨折してしまい、6週間のギブス生活を余儀なくされる。アパートから一歩も出ることができない彼のために、大金持ちの恋人リザ（グレース・ケリー）はニューヨークの高級レストラン「21クラブ」に豪華な出前を依頼する。デリバリーボーイが運んできたもの、それは「ロブスターのオーブン焼き」と辛口白ワインの逸品「モンラッシェ」。オーブンを低温にしてロブスターを温め直し、ほどよく冷えた白ワインを合わせてのディナーは……。それはそれは絶妙な組み合わせだ。

「21のディナーはいかが？」

「お迎えに救急車でも？」

「もっと良い方法よ」

（ドアの外で待機しているデリバリーボーイに向かって）

「待たせたわね。台所は左よ」

裏窓
1954年・米／アルフレッド・ヒッチコック監督／ジェームズ・スチュアート、グレース・ケリー、レイモンド・バー

❖ **モンラッシェ2005（ドメーヌ・ド・ラ・ロマネ・コンティ）**
Montrachet 2005
Domaine de la Romanée Conti
世界最高峰の辛口白ワイン。凝縮感あふれる長期熟成タイプで、年間生産量は僅か3000本。ワイン愛好家羨望の逸品。問：ファインズ　オープン価格　※写真は1989年のもの

（ボーイからワインクーラーを受け取って）

「ワインは私が」

「モンラッシェよ」

「すごいなぁ、まずは一杯」

映画の中でディナーのロブスターとモンラッシェを運んできた「21クラブ」は古い歴史のあるレストランで、アメリカの禁酒法時代の秘密バーをワインセラーにしている。この中には有名人からのお預かりボトルもあるようだ。

「モンラッシェ」とくれば必ず引き合いに出されるのが、『三銃士』や『ダルタニアン物語』で有名なアレクサンドル・デュマだ。彼が言ったとされる〝帽子を手にし、ひざまずいて飲むべし〟というフレーズから、このワインがいかに敬意をもって見られているかがわかる。面白いのは、この言葉を知っていたと思われるヒッチコックが、あえて動きの取れない車椅子の主人公に〝モンラッシェを飲ませる〟という設定だ。私は、彼なりのユーモアが絶対にあったと思っている。なぜなら、ジエフリーは骨折していて絶対にひざまずくことなどできない状態にあったのだから……。

「モンラッシェ」は「ピュリニー・モンラッシェ村」と「シャサーニュ・モンラッシェ村」にまたがる特級畑※14の白ワインである。ブドウ品種はシャルドネ100%。コート・ド・ボーヌ地区にはモンラッシェと名声を競い合っている「コルトン・シャルルマーニュ」もある。これらの白ワインは長い熟成にも耐えうる、複雑で繊細なワイン。圧倒的に人気の高いワインである。

力強い白ワインとはどんなワインなのか。

飲み仲間数人と「銘醸ワインと食事を楽しむ会」を行った時のことだ。用意されたワインの中に、ドメーヌ・ベルナール・ヴァドの「ピュリニー・モンラッシェ・レ・フォラティエール1990」があり、この時に面白い実験をした。この白ワインは、ピュリニー・モンラッシェ村のレ・フォラティエールという代表的な一級畑のワインなのであるが、食事が和やかに進んでいる最中、仕切り役からの指示でウエイターが「サン富士」のリンゴを配り始めた。一瞬、ふわ〜っと甘い風が通り過ぎていったが、それはまるでリンゴたちが各自の前に注がれている白ワインの様子

※14 ピュリニー・モンラッシェ村とシャサーニュ・モンラッシェ村にある特級畑はモンラッシェのほか、「シュバリエ・モンラッシェ」、「バタール・モンラッシェ」、「ビアンヴニュ・バタール・モンラッシェ」、「クリオ・バタール・モンラッシェ」である。

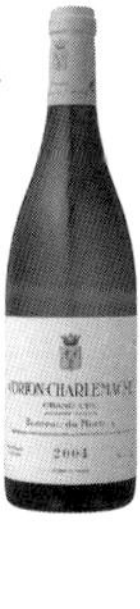

コルトン・シャルルマーニュ 2005（ドメーヌ・ボノー・デュ・マルトレ）

Corton Charlemagne 2005 Domaine Bonneau du Martray

0.4ヘクタール弱のブドウ畑から造られる、刺激的な香りの白ワイン。コシュ・デュリィはムルソーにも畑を所有する名醸造家。問：エノテカ 1万9950円 ※写真は2004年のもの

をチェックしているような感じだった。運ばれてきたリンゴは蜜をたっぷり含んだ産地直送の極上もの。

ワインは輝くような黄金色が見事で、蜂蜜を彷彿とさせる香りである。舌の上に広がる上品な酸味と果実のような甘さのバランスが良く、まさに飲み頃だった。リンゴを一口食べた後で、ワインを飲んでみた。ワインだけの時と比べて、わずかに酸の切れ方が鈍くなったように感じたが、ワインの力強さは衰えていない。リンゴもワインもそれぞれの持ち味を十分出し尽くしているので、お互い譲らない。

これはワインに関する有名な言葉、〝ワインを買う時はリンゴをかじりながら、ワインを売る時はチーズを添えて〟に由来する体験だった。

ワインはチーズとの相性が良いので、多少難ありのワインでもおいしくしてしまう。ところが、酸味の強いリンゴをワインと一緒に合わせると、力のないワインは酸っぱさばかりが先行して、ワインとの相性は最悪になってしまう。風格のある白ワインであるか、そうでないかはすぐに判断できる。

「ピュリニー・モンラッシェ・レ・フォラティエール1990」と「サン富士」対決によって、力強い白ワインの魅力を再認識できた。一級畑のレ・フォラティエールがここまでの力を主張できるのだから、「モンラッシェ」に至っては言うに及ばずだろう。残念ながらまだ、試すチャンスがない。

コート・ド・ボーヌ地区の「ムルソー」は、記憶にとどめておいてほしい白ワインだ。特級畑はないものの、一級畑の「ペリエール」や「シャルム」、「ジュヌヴリエール」などはクリーミーな口当たりの魅力的なワインである。

造り手[※15]の凄さを改めて実感したのは、ドメーヌ・ルロワの「ムルソー・ペリエール1963」を飲んだ時のことだ。30数年の歳月を経過したワインには長い歴史を示すかのように、コルクの内側にキラキラ光る酒石[※16]が付着していた。しかし、ワインの色調はつややかに輝いていた。白ワインの場合、ワインのツヤは熟成期間を知るためのひとつの目安なのだが、ワインはどう見ても若々しい白ワインといった感じだった。目の前のグラスにワインが注がれている間、芳醇な香りが鼻先に漂い、相手を誘い込むような雰囲気があった。実際に香りを利いてみるとどうだろう。フレッシュで爽やか、パイナップル、マンゴーといったトロピカルフルーツ的要素もある。健康的なイメージそのものなのだ。口に入れると、とてもまろやかでソフト

ムルソー・ペリエール2000（ドメーヌ・デ・コント・ラフォン）

Meursault Perrières 2000
Domaine des Comtes Lafon

ドメーヌの名声を不動のものにしたドミニク・ラフォン。彼の造るペリエールは芳醇で、力強さとエレガントさを合わせ持つ。若いヴィンテージでも楽しめる白ワイン。問：エノテカ　※参考品

※15　優秀な造り手は「コント・ラフォン」、「ドメーヌ・ルロワ」、「ミシュロ・ビュイソン」など。

※16　ワインの成分である酒石酸が、カリウムと結合することによってできる。

な印象だった。

このムルソーを人間に当てはめてみると……それなりの人生を歩んでいながら、年齢を感じさせない。あるいは清純でいながら少々色っぽく、といったところか。

ビックリしてしまった。ハッキリ言って、ブルゴーニュ地方の1963年はひどい年だった。ブドウの出来は良くなかったはずなのに、丁寧なワイン造りで定評のあるドメーヌ・ルロワ[※17]はここまでピュアなワインを造り出していた。こだわりのドメーヌから生まれた、第一級畑ペリエールのワインを十分に楽しむことができたひとときであった。

ブルゴーニュの一番南に位置するのが、ヌーボーで一躍有名になったボージョレ地区

「コート・ド・ボーヌ地区」からさらに南下すると、「コート・シャロネーズ地区」[※18]になる。赤、白ともに生産しているが、この地区の北にある「ブーズロン村」では、白ブドウ品種の「アリゴテ」を多く栽培している。このブドウから造られる白ワイン、アリゴテは酸味が特徴的。ディジョンのキール市長が考案したカクテル「キー

※17　収穫量を制限し、糖度の高いブドウを収穫することで、凝縮感のあるワインを造り出すことに成功している。

※18　北から「ブーズロン」「リュリー」「メルキュレ」「ジヴリー」「モンタニー」の各AOC。

ル」は、アリゴテの白ワインと、クレーム・ド・カシスをブレンドして作ったものである。
「マコネー地区」は大半がシャルドネ原料のお気軽白ワインだが、ピノ・ノワールやガメを使った赤、ロゼも産出している。小高い丘が連なるこの地区は、「石灰質」、「石灰粘土質」、「粘土けい質（花崗岩が入っている）」の３つの地層に分類できる。石灰を含む土壌はシャルドネに最適であり、酸性の土地である粘土けい質はガメに合っている。

カトリーヌが「ボジョレーは……」と言った後に続ける「プイィ・フュイッセ」や「プイィ・ロシェ」はこのエリアだ。「プイィ・フュイッセ」はブルゴーニュを代表する白ワインで、果実味豊かで、飲みやすい魅力にあふれている。「プイィ・ロシェ」は、プイィ・フュイッセの東に位置する小さな産地から穫れる白ワインで、シャルドネ１００％である。

ブルゴーニュの一番南に位置するのが、「ボージョレ地区」だ。[※19]ボージョレ・ヌーボーという名に聞き覚えがある人は多いのでは？　かつて日本でも異常なブームになったボージョレの新酒のことで、毎年11月第３木曜日に解禁になる。一時のブ

✣プイィ・フュイッセ２００６（ルイ・ジャド）
Pouilly-Fuissé 2006
Louis Jadot
名ネゴシアンとして誉れ高いルイ・ジャドのプイィ・フュイッセは、豊かな果実味と柔らかなコクの白ワイン。問：日本リカー　４７２５円

※19　収穫したブドウを縦長のステンレスタンクに入れ仕込む。上からの重みでブドウが徐々に潰れ、発酵が始まる。タンクの中に充満した炭酸ガスと一緒にブドウをそのまま数日間放置しておくことによってフレッシュで果実味豊かなワインができあがる。マセラシオン・カルボニック法（ＭＣ法）、炭酸ガス浸透法と言われている。

ームは去り静かになったが、最近また輸入量が増えている。

この地区のブドウはガメで、アペラシオンは4つ。一番スタンダードな「ボージョレ」、次に「ボージョレ・スペリュール」、「ボージョレ・ヴィラージュ」、そして最上のクラスが「クリュ・ボージョレ」[※20]となる。クリュは全部で10の村で、ボージョレ地方の北半分に位置している。カトリーヌの言った「ムーラン・ナ・ヴァン」、「フルーリー」、「モルゴン」、「ブルイィ」、「サンタムール」はこれらのクリュである。

ボージョレワインは若飲みのワインと言われているが、10のクリュのワイン、中でもモルゴンやムーラン・ナ・ヴァンなどは長期熟成に耐える力強い赤ワインと言える。

ブルゴーニュワインを手にしたら、98%の確率で赤ならピノ・ノワール、白ならシャルドネ

ブルゴーニュ地方では、赤はピノ・ノワール、白はシャルドネ（一部、地区によって黒ブドウのガメや白ブドウのアリゴテもある）からワインが造られる。品種が少ないので覚えやすいし、ブルゴーニュワインを手にした時、当てずっぽうでも赤

ボージョレ2007（ジョルジュ・デュブッフ）
Beaujolais 2007
Georges Duboeuf
ガブ飲みワインに過ぎなかったボージョレを、世界の名酒に変えた功労者ジョルジュ・デュブッフ。ガメ種から造るフレッシュ&フルーティな赤ワイン。問：サントリー オープン価格 ※写真は2006年のもの

※20 残りのクリュは「ジュリエナ」、「シェナ」、「シルブール」、「レニエ」、「コート・ド・ブルイィ」である。

ならピノ・ノワール、白ならシャルドネと言ってしまえば、98％くらいの確率で正解だ。

ボルドー[※21]地方では主要品種のカベルネ・ソーヴィニヨンに他のブドウ品種をブレンドして造るので、それぞれのブドウの収穫具合によって、ブレンドする比率を変えることができる。

一方、ブルゴーニュでのワイン造りは、ブドウを1種類だけしか使わないので、農作物であるブドウの出来・不出来は重要な問題だ。しかし、ブルゴーニュのワイン生産者たちは、ブドウ品種の「シャルドネ」や「ピノ・ノワール」だけを取り上げて論じようとはしない。ブドウ品種は彼らが造るワインの要素のひとつであって、土壌、気候といった自然条件と、造り手が絡み合って初めて、シャブリやポマールといった〝ワイン〟が存在するのだと主張する。

昨今、ニュー・ワールドのワインの中には、本家ブルゴーニュを凌ぐワインも多い。ニュー・ワールドが台頭してきたことで、ブルゴーニュの、特に銘醸ワインの造り手たちは、盛んに「テロワール[※22]」という言葉を使うようになった。

DRCの共同所有者だったドメーヌ・ルロワのオーナー、マダム・ラルー・ビー

※21　使用品種は黒ブドウが「カベルネ・ソーヴィニヨン」、「カベルネ・フラン」、「プティ・ヴェルド」、「マルベック」で、白ブドウが「ソーヴィニヨン・ブラン」、「セミヨン」、「ミュスカデル」である。

※22　フランス語独特の概念的単語。適訳は難しいがブドウに現れる畑の（土壌、気候、土地など）個性を指す。

ズ・ルロワは、テロワールに最もこだわる人のひとりだ。彼女が言うテロワールとは「土地のアイデンティティ」。フランスのＡＯＣは産地の個性をハッキリさせ、重視することを旨としているのだから、確かにブドウの育つ風土はアイデンティティに他ならない。

北海道の余市にあるブドウ栽培者を訪問した時、ブルゴーニュ地方のブドウ畑と同じように、綺麗に整えられた畑にピノ・ノワールが植えられていたので感激した。でも一部がミイラ化して……ブドウ園主曰く、「ブドウの果粒が密着しているので、病害が発生するとあっという間に広がってしまう。栽培が難しくて、苦労が多い。本当に引き抜いてしまいたくなりますよ」と。

わがままブドウの誉れ高いピノだけのことはある。ブドウ造りに造詣の深いブドウ園主をここまでてこずらせているのだから。

『突然炎のごとく』の女主人公カトリーヌは、周りの男たちを奔放な情熱で振り回した。自我を貫き通すことではカトリーヌに負けず劣らずのマダム・ルロワも、ワイン造りでは情熱的かつ勝手に振舞う。ピノ・ノワールの化身のような彼女たちである。

そして、ピノ・ノワールにハマっている男たちはと言うと……、〝じゃじゃ馬のようなピノ〟を我が物にしようと真剣そのものである。

彼らを大いに惑わすピノ・ノワールは、カトリーヌやルロワのようなフランス女の〝パッション〟の投影、そんな気がする。

第 4 章

France Other Region

その他のフランスワイン

「プロヴァンス地方」『フレンチ・キス』で香りの表現を学ぶ

ハリウッド女優の中で、ひときわキュートな存在のメグ・ライアン。彼女のよく動く大きな目と、天然ウェーブの髪と、白いシャツ姿が最高に輝いていた映画といえば『フレンチ・キス』だ。この映画のインパクトはとても大きかった。なぜなら、私が「ワインと映画」のエッセイを書こうと思ったのは、この映画の〝香り表現〟のシーンがきっかけであり、私のワインライフに新しい展開を与えてくれたからである。

映画の中でワインの香り表現を指導するのは、フランス人のリュック・テシエ（ケビン・クライン）。彼の実家はプロヴァンス地方にあるブドウ園という設定だった。

プロヴァンス地方[※1]はフランス最古のワイン産地である。最初にワイン造りが広められたのはマルセイユあたりと言われている。飲みやすいタイプのワインが多く産出されており、特に世界3大ロゼワイン[※2]のひとつ「プロヴァンス・ロゼ」の知名度

フレンチ・キス
1995年・米／ローレンス・カスダン監督／メグ・ライアン、ケビン・クライン、ジャン・レノ

※1　マルセイユからニースに至るコート・ダジュール一帯のワイン生産地。

※2　「プロヴァンス・ロゼ」に、コート・デュ・ローヌの「タヴェル・ロゼ」、ロワールの「アンジュ・ロゼ」を加えたものを3大ロゼという。

は高い。地中海沿岸で獲れた魚をニンニクとオリーブオイルで調理した南仏の代表料理、ブイヤベースとよく合う。

ヤンキー娘のケイト（メグ・ライアン）は、パリ出張中のフィアンセから突然婚約の解消を言い渡される。心変わりに驚いた彼女は飛行機嫌いをも顧みず、彼を取り戻すためにフランスへ。機内で隣合わせたリュックという男性のおかげでフライト中の不安は紛らわせることはできたが、彼の動作は何となく胡散《うさん》臭い。ケイトの推測通り、彼は泥棒家業。盗んだネックレスとブドウの苗木を隠し持っていたのだ。リュックは自分の宝物を彼女のバッグに隠し入れ、税関をうまくすり抜ける。ところが空港で馴染みの刑事と出くわしてしまったことから、ケイトとはぐれてしまい、その間に彼女は大事なバッグを盗まれてしまう。それでも泥棒世界の〝蛇《じゃ》の道は蛇《へび》〟。リュックの執念でバッグは無事ケイトの元に戻る。

彼女は、フィアンセがいるニースに向かうため、南仏行きの列車に飛び乗る。一方のリュックもバッグの中のネックレスを取り戻そうと、ケイトに同行する。調子に乗った彼女はチーズを食べ過ぎ、途中下車する羽目に。ケイトを連れてリュックが降りた駅は、「LA RAVELLE」、彼の生まれ故郷であった。リュックの実家は3代続くプロヴァンス地方のブドウ園。6年ぶりに帰省した彼は、懐かしい自分の部屋にケイトを案内する。

リュックがグラスに注いだワインの味について、ケイトに訊ねるシーンである。

「いい赤ね」

リュックはもっと具体的な表現をするように促し、ほこりをかぶった木箱の中からいろいろな形の瓶を取り出し、それを1個ずつ、ケイトの鼻先に持っていく。

「嗅いでみて」

「ローズマリーね。次はマッシュルーム？」

木箱にはさまざまな香りの小瓶が入っていた。

「スグリ、カシス、ミント、ラベンダー……、どれも自然の恵みさ。もう1回ワインを試してみて。目を閉じて」

それまで「いい赤ね」としか言えなかったケイトが、小瓶の香りをヒントに見事にコメントしてしまったのだ。

「スグリの味がするわ。ほんのりとラベンダーの香り。すごいわ。この箱、作ったの？」

不思議な木箱は昔、リュックが作った手製の「香りの教材」だった。

冒頭にも書いたように、私がエッセイを書くヒントになったのがこの「香り表現」のシーンである。私はワインに慣れる一番の方法は「香り」の理解であると思っている。香りを利いた時に何を連想するか。白い花なら「クチナシ」や「ユリ」、白い果実なら「梨」や「白桃」、青い果実なら「青リンゴ」や「ライム」などという具合に……。瞬間的に香りのイメージがつかめれば、というより思いつけば、ワインに慣れる時間も早いはずだし、自信もつく。そのためにも「香りの訓練」は大事だ。イギリスの著名なワイン評論家ヒュー・ジョンソンも「テイスティングの80%は香りでするものだ」と言っている。

さて、ワイン好きなら断然気になってしまうこの教材、映画の中だけでなく、現実にある。ワインの香り見本で、名称は「ル・ネ・デュ・ヴァン（ワインの鼻）」

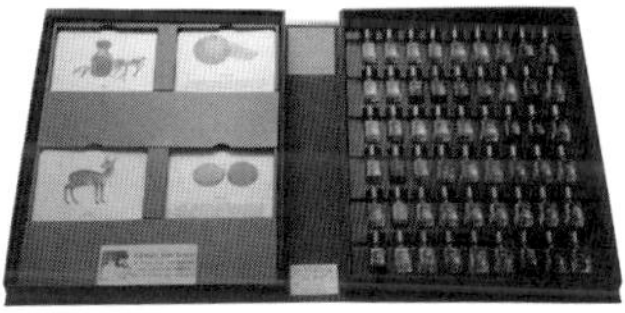

ル・ネ・デュ・ヴァン
Le Nez du Vin
フランスのワイン鑑定家ジャン・ルノワール考案による「ワインの香り教材」。12種、24種、54種類（写真）の各タイプあり。″ワインの鼻″は、ワインのプロだけでなく、ハイアマチュアの″鼻″の訓練にも最適。
※参考品

という。こちらは木製ではなく布張りの箱で、中には香水のミニボトルのような瓶がぎっしり詰まっている。

以前、パリのワイン学校「ＣＩＤＤ（ワイン情報資料試飲センター）」で3時間の授業を受けた。テーマは〝ワインの香り〟で、その時の教材が「ワインの鼻」だった。最初に触れた時は〝香り〟を体験するというより、〝匂い〟の洪水に巻き込まれそうな気分になり、気持ちが悪くなってしまった。54種類の小瓶には、ストロベリーや青ピーマン、バニラ、バターといった身近な香りの他に、「じゃこう鹿」や「アスファルト」といった珍しいものもある。

香りを試すときは、瓶の口元に鼻をつけるのではなく、細長くした紙片を瓶の中の液体に浸し、紙片に移った香りを嗅いでいく。そして香り当ての練習をした後で、本物のワインをテイスティングする。『フレンチ・キス』でケイトがしたように……。

「ワインの鼻」を手に入れなくても、「香りの教材」を作らなくても、練習はできる。フルーツショップに出かけ、目を閉じて新鮮な果物の香りを頭に叩き込むとか、アロマテラピーのショップに出かけ、サンプルのエッセンスの香りを利いてみるとか、その気になれば対象は至るところにある。私たちは普段、嗅覚を鍛えていない。で

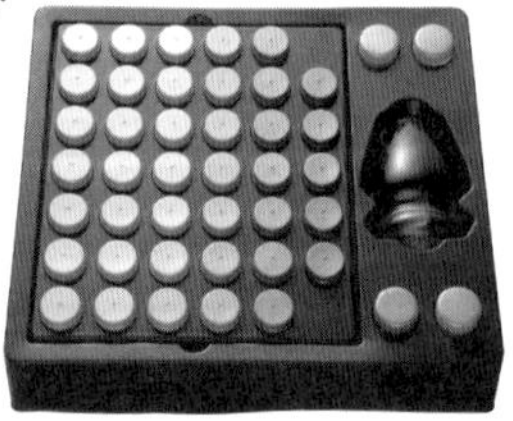

✣ **バカナル**
Bacchanales
「酒神バッカス祭」の意味。ブドウ品種に由来する香り21種類、発酵によって生じる香り7種類、熟成によって生じる香り7種類、欠陥ワイン臭5種が揃った香りサンプル。
※参考品

も、鼻が敏感な人には、ワインが多くを語りかけてくれるのだ。「バカナル」という香り見本は、プラスティック製の小さな丸い容器で、中には細かな粒状のエッセンスが詰まっている。ガソリンスタンドで給油をすると、灰皿の中に芳香剤の粒を入れてくれることがあるが、それと同様の粒が容器の中に入っている。「猫[※3]のおしっこ」、「カシス」、「皮」などの香り見本があるのだが、「ワインの鼻」のように匂いが部屋中にあふれることはないし、携帯しやすいので、私も時々、ワインスクールの授業で嗅覚の訓練用に使っている。最初のうちは「▲▲の香りである」と表現できない生徒さんたちも、回を重ねるごとに香りの分析が上手になってくる。面白いことに〝嗅覚〟に自信がつくと、姿勢が堂々としてくるし、視線をしっかり合せて話すようになるのだ。ワインと仲良くなる近道は、やはり〝嗅覚の訓練〟だ。

映画『フレンチ・キス』はコート・デュ・ローヌ地方の南東、コ[※4]ート・デュ・リュベロン地区にある「シャトー・ヴァル・ジョアニ」のブドウ畑を借りて撮影を行った。このワイナリーは近代的な醸造施設を備え、「シラー種主体」の素晴らしい赤ワインのほか、ロゼや白も造っている。『南仏プロヴァンスの12ヶ月』の作者ピーター・メイルの『ホテル・パスティス』にもこのワインは登場している。

※3 ソーヴィニヨン・ブランから造られるワインに、この匂いがすることがある。

※4 1988年にAOCに昇格し、注目を集めている地区。

「コート・デュ・ローヌ地方」リッチなワインは『トーマス・クラウン・アフェアー』にぴったり！

1998年、独特の作風で根強いファンをもつエリック・ロメール監督の『恋の秋』が公開された。舞台はコート・デュ・ローヌ地方[※5]である。太陽をタップリ浴びたコート・デュ・ローヌのブドウたちは、アルコール度数が高く、色調の濃いワインになる。

コート・デュ・ローヌは「北部[※6]」と「南部[※7]」に分けられる。北部は急斜面や段丘に畑があり、〝焦げた丘〟という意味をもつ「コート・ロティ」や、高貴な「エルミタージュ」などの赤ワインが有名だ。またヴィオニエ100％の「コンドリュー」や「シャトー・グリエ」といった魅力的な白ワインもある。一方、南部はゆるやかな台地で、北部と比べると量産タイプのワインが多い。南部では〝法王の新しい城〟と名づけられた「シャトー・ヌフ・デュ・パープ[※8]」がよく知られている。

コート・デュ・ローヌ地方で高い評価を受けているワイン醸造家の筆頭と言えば

※5　ローヌ川沿い、ヴィエンヌからアヴィニヨンまでの約200㎞のワイン産地。

※6　ヴィエンヌからヴァランスまでの範囲。夏は暑く乾燥しており、冬は寒く湿気がある。主要品種は「シラー」。

※7　モンテリマールからアヴィニヨンまでの範囲。夏は暑く乾燥しており、冬は暖かい。主要品種は「グルナッシュ」。

※8　ワインランスの規定ワイン法で指定されているブドウ品種は13種類。このワインは造り手によって、単一品種から最高13種類までの混醸によって造られる。

「ギガル」である。コート・ロティ、エルミタージュ、コンドリー、シャトー・ヌフ・デュ・パープなど、ギガルのワインに惹かれているワイン通は多い。

スティーヴ・マックィーンが主演した『華麗なる賭け』が31年ぶりにリメイクされ、公開された。『トーマス・クラウン・アフェアー』がソレである。主人公のトーマスを演じていたのは5代目ジェームズ・ボンドとしても人気が高いピアース・ブロスナン。事業に成功し、あり余るほどの財産を所有しているという役柄だ。そんな彼が美術館から名画を盗む。華麗かつ洒落た手口で。今回のターゲットはモネの『サンジョルジョの大聖堂の落日』である。時価1億ドルの絵画獲得作戦は見事成功し、モネの絵はトーマスの掌中へ。彼は意気揚々とマンハッタンの豪邸に戻る。モネの絵を肴にトーマスが満ち足りた表情で飲んでいるワイン……それはギガルの赤ワインだった。自家用グライダーを乗りまわし、恋人にブルガリのアクセサリーをドンとプレゼントするような大金持ちのトーマスだから、普段飲んでいるワインがギガルの「コート・ロティ」や「エルミタージュ」であっても全然不思議ではない。本物を知り尽くしている男という設定だったのだろう。

トーマス・クラウン・アフェアー

1999年・米／ジョン・マクティアナン監督／ピアース・ブロスナン、レネ・ルッソ

コート・ロティ・コート・ブリュヌ・エ・ブロンド・デ・ギガル2003

Côte-Rôtie Côtes Brune et Blond de Guigal 2003

コート・デュ・ローヌの北部で世界的名声を高めたギガル。厳しいブドウ選別の後、オークの新樽を使って造る長熟タイプの赤ワイン。問：ラック・コーポレーション 1万1550円

『恋の秋』では、有機栽培のブドウで、大人の恋が実る

さて、『恋の秋』にブドウ畑が登場するのは、女主人公のマガリ（ベアトリス・ロマン）がワイン造りをしているからである。ブドウ畑は「南部」エリアにある。[※9]彼女の造るワインの名は「フェルム・デュ・ムーラン」。実際のモデルとなったブドウ園はコート・デュ・ローヌにある「ドメーヌ・ラ・レメジャンヌ」で、丁寧なブドウ造りをしている小規模ワイナリーである。映画公開当時、撮影協力した「ドメーヌ・ラ・レメジャンヌ」の赤ワイン「コント・ドートンヌ1997」が売り出された。映画と同じ畑からリアルタイムで収穫されたワインの生産量は4000本限定で、うち500本が日本用に輸入、販売されていた。

映画の主人公は40歳代の女性ふたりだ。本屋を経営しているエレガントなイザベル（マリー・リヴィエール）と、ワイン醸造家マガリである。彼女たちは7歳からの付き合いなので親友歴は長い。愛する夫と嫁入り間近の娘に囲まれ、幸せな日々を送っているイザベルに悩みはない。気になるのは独り身のマガリのこと。明るく

恋の秋
1998年・仏／エリック・ロメール監督／マリー・リヴィエール、ベアトリス・ロマン、アラン・リボル

※9　ローヌ川とアルデーシュ川に挟まれた「プール・サンタンデオル」にある。

気丈に振舞っていても、淋しがりやで心の拠り所になる男性を求めている彼女のことが心配なのだ。イザベルは一計を案じる。今流行《はやり》の新聞広告による交際相手探しである。イザベルはマガリに内緒で広告を出す。ほどなく誠実そうなジェラルド（アラン・リボル）が応募してくる。イザベルはマガリになりすまし、彼とデートを重ね、3回目で真相を打ち明ける。驚愕し、担がれたと怒るジェラルドだったが、マガリの写真を見た瞬間、彼女の黒い瞳に魅了される。イザベルは、ふたりの出会いの場を、自宅で行う娘の結婚披露パーティの日と決める。披露宴当日。ワインテーブルのそばに佇むマガリを見つけ、さりげなく近づくジェラルド。ワインに興味がありそうな様子の彼に声をかけるマガリ。

「召し上がる？」

「喜んで」

「注ぐわ」

「このワインをご存知？」

「（ラベルを読んで）フェルム・デュ・ムーラン、いや知らない。お近くですか？」

「対岸のアルデーシュよ」

✣ **コート・デュ・ローヌ・コント・ドートンヌ1997**

Côtes du Rhône Conte D'automne 1997

映画『恋の秋』の撮影とリアルタイムで造られたコート・デュ・ローヌAC。果実風味にあふれる早飲みタイプのワイン。※参考品

「よく熟成している。何年ものですか？（ラベルを見て）'89年。この地方の産では珍しい」

「そうね」

「ジゴンダス[※10]と遜色がない」

「私が造ったワインなの。ワイン造りなのよ」

「まさか」

「本当よ」

ワイン造りに打ちこむことで、孤独を忘れようとしていたマガリ。彼女は自分の造ったワインを味わい、そして誉めてくれた男の言葉に素直に酔っていた。

写真の彼女を見て気に入ったジェラルドも親しくなりたい一心で、自らについて語り始める。

「私の実家はワイン農家でした。その昔、アルジェリアでブドウ園を」

「私はチュニジア。両親が今のブドウ畑を残してくれて」

「私のところは畑を手放しました。私はモンテリマールで営業をしています。田舎が懐かしい」

※10　コート・デュ・ローヌの南部を代表する赤ワイン。黒ブドウのグルナッシュが主体である。

「そこまでワインに詳しい人は少ないわ。とても嬉しかった」

「誉めるのに知識はいりません」

「でもワイン通の人に誉められると、嬉しくて。子供っぽい？」

マガリは美人ではない。ローヌのブドウと同じように、強烈な太陽を浴びているから日焼けで真っ黒だし、お洒落のセンスもない。そんな彼女の内面からあふれ出る魅力に惹かれ、彼女の仕事を心から絶賛する男性が現れたのだ。女としての自信を失いかけていた農婦が、恋する女に変わる一瞬である。子供のように目を輝かせ、頬を紅潮させながら話に熱中するマガリはとてもチャーミングだ。恋する女はキレイに見える。ジェラルドの実家がワイン造りをしていたこともふたりの心を通わせるのに十分だった。

ジェラルドのような紳士が新聞の交際広告に応募するなんて意外なようだが、彼のような人から「誉めるのに知識はいらない」なんて言われたら、マガリのみならず、私でもドキドキしてしまう。大人の男を感じさせるニクイ言葉だ。

ワイン醸造家のマガリには「2つ」のこだわりがある。

ひとつは収穫をギリギリまで我慢し、糖度の高いブドウから長期熟成に耐えるワインを造ることだ。一般に、コート・デュ・ローヌACは質より量に重きを置いているので、早飲みタイプが多い。でもマガリが目指すのはそのようなワインではない。長く熟成させることで重厚さを発揮するワインなのである。ジェラルドがマガリのワインを飲んだ後に「ジゴンダスと遜色ない」と表現していたが、この言葉は彼女にとって何にも変え難いものだったはず。なぜなら、ジゴンダスはローヌ南部の赤ワインで、重厚でスパイシー、豊かな香りと十分なアルコール分を備えた長期熟成タイプのワインだからだ。ローヌ南部でブドウ栽培をする彼女がどのようなワインを理想としているか、彼はマガリのワインを一口飲んだだけで見抜いたのであろう。真のワイン通には無駄な言葉など必要ない。ワインを口にしただけでわかるのだ。

もうひとつのこだわりは、「除草剤」を使わない栽培法である。隣の畑には雑草1本生えていないのに、彼女の畑は雑草だらけ。除草剤を使用することは、ワインの味を落としてしまうことである、という彼女の信念が表れている。ロメール監督は、「ドメーヌ・ラ・レメジャンヌ」のオーナーから「除草剤がブドウに良くない」ことや、「腐植土[※11]で土壌を安定させる」といった専門的なアドバイスを受けたとい

※11　堆肥を使って土壌の中に「腐植土」を作ると、腐植土が粘土とのつなぎ役になる。そのため土壌が安定する。

う。マガリのセリフにはそのようなリサーチが活かされているし、「自然農法」に取り組むワイン醸造家としての姿が見えていた。

現代社会では食品の安全性や環境問題とも絡んで、野菜などの「有機栽培」表示を見かけることが多い。有機栽培は自然農法のひとつであるが、ワインの世界でも注目されている。

映画の中でマガリが「畑でお金もうけをしようなんて愚かよ。よほどの大地主でない限り無理。私は自分を職人と思っている。商売なんて嫌な言葉。私は土で商売はしない。土を愛してる」と言うシーンがある。自分のブドウ畑の土を愛することで、他では真似のできないワインを造り出そうとしている醸造家の気持ちを代弁しているようだ。

除草剤が発明されると、多くのブドウ栽培者が使い始めた。その結果、何が起きたかと言うと、土の中の微生物が死んでしまい、今度は逆に化学肥料の助けを借りなければならなくなってしまった。われわれ人間の手荒れを例にするとわかりやすいと思う。普通、ハンドクリームを塗って荒れを防ぐわけだが、手を洗うとクリームは流れ落ち、同時に手の潤い成分も取り去ってしまうことになる。だから、さらにクリームを塗って……といった悪循環を繰り返しているうちに、肌から自然に出ていた潤い成分は次第に消失。結果、手は油性のクリームだけを頼り始め、肌内部からの努力は皆無になる。土地も同じで、微生物が消滅してしまえば、土地は砂漠状態となり、内部行動が起こせなくなってしまうのだ。外から与えられる成長剤だけを頼りにして穫れたブドウからは、個性的なワインは望めない。

昨今、それを危惧し、〝自然のままに〟という考え方が表れている。〝自然への回帰〟である。化学的な除草剤や殺虫剤を極力廃し、肥料も自然堆肥を使う。欧州には自然農法を監督する団体があり、規定に合格した生産者には「エコセール」[※12]や「アグリキュルチュール・ビオロジック」[※13]といった認定マークの使用が認められている。

カリフォルニアでも有機栽培への関心は高い。ナパ・ヴァレーのフロッグス・リープ・ワイナリーは有機栽培にいち早く取り組んだことでよく知られている。アメリカで有機栽培を名乗るには、最低3年間無農薬、無化学肥料、無除草剤でなければならず、協会の審査を通過して認定される仕組みになっている。

※12　EU諸国に拠点をもつ欧州最大の認証機関。本拠地はフランスのトゥルーズ。

※13　フランスを中心としたEU諸国、スイスなどに支部をもつ認証機関。

「ロワール地方」
ジャン・ギャバンのように気取りのないミュスカデ

フランス・ルネッサンスが開花したロワール地方。16世紀、フランソワI世の統治下に建てられたシャンボール城やシュノンソー城などの古城巡りは観光スポットになっている。

1954年の『現金《げんなま》に手を出すな』は、ジャン・ギャバンお得意のギャング映画だが、ここにロワール地方の白ワインが登場する。

マックス（ジャン・ギャバン）は相棒リトンと、オルリー空港で金塊強奪を決行する。5000万フランの金塊である。首尾よく成功したふたりは、リトンが惚れている情婦ジョジィを誘って祝杯をあげようと馴染みの店に繰り出す。マックスは彼女から「リトンが好きでないから、連れ帰ってほしい」と頼まれ、仕方なく彼を自分の別宅に連れてくる。彼女と過ごそうとしていたリトンは予期せぬ成り行きに不満顔だ。

現金に手を出すな
1954年・仏&伊／ジャック・ベッケル監督／ジャン・ギャバン、ルネ・ダリー、ジャンヌ・モロー

マックスの隠れ家は殺風景な男所帯。生活感など全くないし、冷蔵庫の中もガラガラだ。

タンブラーと瓶入りのパテを手にしたマックスは、共犯のリトンに言う。

「飲んでくれ。ナントの酒だ。肴はラスクで我慢しな。さあ、これで一杯いこう」

パテを大胆に取り分けるマックスの仕草は豪快そのものである。

マックスがリトンに勧めた「ナントの酒」、これはナント地区のワイン「ミュスカデ」である。溌剌とした酸味が特徴の爽やかな白ワインだ。一般的にミュスカデは、[※14]シュール・リー製法で造られることが多い。オーブンでカラカラに焼いたパンにパテをたっぷりつけ、タンブラーに注いだミュスカデを楽しむ。無頓着で、気取りのない雰囲気がジャン・ギャバンにはよく似合う。彼のイメージにピッタリの、印象的なシーンである。

✣ **ミュスカデ・セーヴル・エ・メーヌ・シュール・リー 2006（グラン・ムートン）**

Muscadet Sèvre et Maine Sur Lie 2006 Grand Mouton

数あるミュスカデの中でもミネラルが豊かで、フレッシュさが際立つワイン。問：出水商事　オープン価格

※14　発酵を終えた酵母が「オリ」になって容器の底に沈み、死滅していく。そのままにしておくことで、酵母からの旨み成分がワインの中に溶け込み、独特の風味を作り出す。

錬金術で造り出す黒魔術のワイン？クロ・ド・ラ・クレ・ド・セラン

ロワール地方アンジュ地区の小さな産地サヴニエールに、注目すべき白ワインがある。そのワインの名は「クロ・ド・ラ・クレ・ド・セラン」。ビオディナミの教祖として崇拝され、自然派ワイングループ「ルネッサンス・デ・アペラシオン」の主宰として活躍している[※15]ニコラ・ジョリィが造るワインである。彼はフランスのみならず、ドイツ、フィンランド、アメリカなどに出向いてビオディナミ農法の指導にあたっている。

そのジョリィのセミナーが日本で初めて開催された時の衝撃は大きかった。「抜[※16]栓して1週間経っても自分の造るワインの味に変化はない」と豪語する彼の言葉を証明するかのように、「セミナー当日に抜栓したワイン」、「3日前に抜栓し、コルク栓をしないままで放置したワイン」の2種類のワインが供出され、それらを比較試飲した。ヴィンテージはともに1996年であった。

グラスに注がれた1番目のワインがテーブルの端から順に配られていく。あたり

✣クロ・ド・ラ・クレ・ド・セラン2004（ドメーヌ・ニコラ・ジョリィ）
Clos de la Coulée de Serrant 2004
Domaine Nicolas Joly
ニコラ・ジョリィ自慢のワイン。スケールの大きさと、飲み込んだ後の余韻の長さは圧巻。問：ファインズ　オープン価格

※15　単一畑クロ・ド・ラ・クレ・ド・セランのオーナー。1980年からビオディナミ農法を実践している。

※16　ワインを開栓しておくと普通は酸化するが、ジョリィは「ワインが空気を吸って呼吸している」ので1週間くらい平気であると主張している。自然の力を利用して造られたワインなら味に変化はないという。

に芳醇な香りが漂い始める。香りのインパクトが強い。人を誘い込むような感じだ。窓を開けておいたら、蜜蜂や虫たちが絶対ワイングラスめがけて飛んでくるに違いない。

2番目のワインは配られた段階では香りが伝わってこない。眠っているようだ。変化が見え始めたのは30分後。ワインの温度が変わってくる頃だった。ただ待遇違いの2種類のワインの差はごく僅かであって——もちろん香りの立ち方は違っていたが——コルクなしで3日間放置されていたワインを単独で出されたら見抜けたかどうか、自信はない。

「クレ・ド・セラン」を初めて体験した感想は……極めて力強く、果実味豊かで、口に含み、飲み込んでからの余韻がとても長い。ワインを口にしていた時、ジョリィが「私のワインは30年保存できる」と切り出したので、思わず「このままの状態で30年、ワインの味が口の中に残るかも」と錯覚してしまうくらいだった。ただ、「クレ・ド・セラン」は、この後も何度となくテイスティングしているが、1996年産を超えるヴィンテージには出会っていない。

ビオディナミは旧オーストリア帝国出身の人智学者ルドルフ・シュタイナー（1

861〜1925）が提唱する農法で、ベースにあるのは「植物を理解するためには、惑星や地核からの影響を考えなければならない」という考えだ。この農法に転換し、畑を改善していくことで「デメテル」[※17]の認定マークが与えられる。『自然派ワイン（柴田書店刊）』によると、デメテルと呼ばれる認証を発行するビオディナミの認証機関は世界数十カ国に及んでおり、認証は初期の畑の状態にもよるが、通例ではビオディナミを実施して3年後から転換期間に入り、5年目くらいから認証候補に上がり、7年も経過すれば正式に認証が与えられるそうだ。

「除草剤の発明以降、ブドウ畑の微生物は死滅し、土壌のオリジナリティは喪失してしまった」とジョリィは言う。微生物の活性化に力を入れている彼は、表情豊かなワインを造るために、まず土壌を再生させた。それこそが「アペラシオン[※18]（原産地呼称）」の原点になるからだ。

ビオディナミでは化学的な肥料や除草剤、殺虫剤を使わずに、「占星術」[※19]と「類似療法」[※20]を実践する。宇宙の4要素[※21]は、ブドウの4要素（根、葉、花、果実）と重なり合っており、これらがバランスよく働いていれば、素晴らしいブドウができる。そのためには自然界のエネルギーを取り込まなければならず、12宮の動きをチェッ

※17　デメテルはギリシャ神話「農産の女神」に由来、デメテル協会の本拠地はアルザス地方コルマール。

※18　ワインの原産地名は単に「地名」としてだけの意味ではなく、ワインの個性を形成する要素（気象、地勢など）の総称としての「地名」と理解していなければならない。

※19　12宮は4グループ（3宮ずつ）に分類され、それぞれ地、水、光、熱のグループに該当している。ビオディナミでは、天体の位置を見ながら、「土いじりの日」とか「肥料を与える日」などが決まっている。

※20　「ホメオパシー」と訳される。ほんの少量の投薬で病気を治療する。

※21　「地」は根に、「水」は葉に、「光」は花に、そして「熱」は種子や実と関連している。

クする必要がある。栽培で大事な光、「光合成」[※22]を活用するひとつの方法として、ビオディナミでは水晶100グラムを細かく砕いて水に溶き、調合液を作る。それを1ヘクタールの畑に蒔き、太陽の熱を取り込む。これにより良質なブドウができ、それらを原料にしてできたワインは、ねっとりして色目が濃く、長期保存可能なものになるという。

何やら中世の黒魔術のようなビオディナミだが、名醸造家と言われる人たちが、この農法を実践しているのも事実である。フランス国内では、ブルゴーニュ地方のドメーヌ・ビーズ・ルロワ[※23]やドメーヌ・ルフレーヴ、ドメーヌ・デ・コント・ラフォン。コート・デュ・ローヌ地方のシャプティエ、ドメーヌ・ベラン、ロワール地方のドメーヌ・ユエなど、錚々たるメンバー[※24]が名を連ねている。

化学肥料を使ってブドウ栽培を行ってきたところが畑を自然の状態に戻すには、かなりの労力がいる。また、コスト面でもマイナスの覚悟が必要だ。ルロワにしても、1993年には病害虫が発生し、大被害を受けた。農薬を使えば簡単に避けられたのに、敢えて自然農法で頑張る背景には『恋の秋』のマガリが言っていたように「土を愛する」気持ちがあるからだろう。いずれにしても、生半可な考え方では

※22 ブドウの樹から全部の水分を取り去ると、85%以上の光合成からできた物質（葉、枝、果実）が残る。光合成は良質なブドウを造るキーポイントとなる。

※23 1988年から実施している。ブルゴーニュの項参照のこと。

※24 秀逸で稀少な「モンラッシェ」の生産者。

できない農法だ。

ビオディナミ農法によって耕されたブドウ畑は、化学肥料を使っているほかの畑と比べると、土が柔らかくふわっとした状態になっている。これはジョリィの唱える「微生物の復活」に大いに関係があるのだ。今後、自然農法に対する関心はさらに高まると思う。ビオディナミだったり、有機栽培だったり、自然農法の一部だけを取り入れたものだったり……といろいろあるが、化学物質から離れることは、われわれの体にとっては何よりのことである。

ロワール地方には、ローマ時代からの古いブドウ産地「トゥーレーヌ」[※25]があり、カベルネ・フランから造られる赤ワイン「シノン」は評判が良い。パリの現地ガイドから「日本のツアー客が好んで飲むベストワインはシノン」と聞いたことがある。

魚の塩焼きやお刺身といった日本食は、「中央フランス地区」の「サンセール」や、「プィィ・フュメ」[※26]などと実によく合う。飲みやすくて、フレッシュな辛口白ワインなので、是非とも試してほしい組み合わせだ。

※25　シュナン・ブランから造られる「ヴーヴレー」や「モンルイ」、カベルネ・フランからの「ブルグイユ」も知られている。

※26　ソーヴィニヨン・ブランから造られる。

「アルザス地方」
ラベルに産地とブドウ品種を併記しているのでわかりやすいワインがたくさん！

アルザス地方はフランス北東部、ドイツとの国境に隣接している。

冬は寒さが厳しく、夏は暑い。降雨量が少ないため、フランスでは最も乾燥した地方だ。ワイン生産量全体の90％以上は白ワインで、「リースリング」、「ゲヴュルツトラミネル」[※27]、「ピノ・グリ」、「ミュスカ」[※28]は、アルザスを代表する高貴品種である。

これらの4品種から、糖度の高い遅摘みの「ヴァンダンジュ・タルディヴ」や、貴腐ブドウの「セレクション・ド・グラン・ノーブル」といったワインも造られている。赤ワインの生産量はわずか8％だが、この地方の唯一の黒ブドウ「ピノ・ノワール」から高品質なワインも生産されている。

アルザスワインが他のフランスワインと大きく異なるのはラベル表示で、産地名に「ブドウ品種」を併記していることである。だから、ニュー・ワールドのヴァラエタルワインと同じ感覚で、ワインを選ぶことができる。規定の厳しいワイン法の

※27 「香辛料」の意味をもつブドウ。スパイシーで、出来の良い年には「ライチ」の香りがある。

※28 アルザスでは「辛口」仕立てになる。

✣ **ヒューゲル・ゲヴュルツトラミナー2006**

Hugel Gewurztraminer 2006

ワイン入門者にとって一番発音しにくいゲヴュルツトラミネル種。ライチを思わせるフルーティな香りや、スパイシーな風味が特徴の白ワイン。

問：ジェロボーム　2625円

中にあっても、独自のスタイルをもつアルザスワインは肩の凝らないワインと言える。

「ラングドック・ルーション地方」シンプルでリーズナブルでかつ飲みやすい、セパージュワイン

フランスの日常消費ワインの生産地として知られていた[※29]ラングドック・ルーション地方は、ここ20年あまりで大きく変化してきた。量より質を重視したワイン造りに転換したのである。「シンプルで、リーズナブルで、飲みやすい」をコンセプトに登場した「[※30]セパージュワイン」、この存在をハズして、ラングドックを語ることはできない。

フランスの国際ワインコンサルタントが興味ある話をしていた。今のフランス国内の消費者が望むワインは、「フレッシュで果実味があり、変化のない一貫した味と価格であること。そして簡単に選択でき、香りのないワインは敬遠される傾向に

※29 地中海沿岸の広大なワイン産地で、フランス全土の3分の1のワインを生産している。

※30 ニュー・ワールドの「ヴァラエタルワイン」同様、ラベルにブドウ品種名を表記するワイン。フランスのワイン法のカテゴリー「ヴァン・ド・ペイ」の中の品種名表示なので、ヴァラエタルワインとは呼ばない。

ロベール・スカリ・メルロ 2006

｜Robert Skalli Merlot 2006

ニュー・ワールドのヴァラエタルワインに当たるのが、ヴァン・ド・ペイ・ドックのセパージュ(品種)ワイン。問：サントリー オープン価格

※写真は2005年のもの

ある」と。これらの要望をすべて備えているのが、セパージュワインである。

1987年に新しく制定された新ジャンル「ヴァン・ド・ペイ・ドック」[※31]によって、セパージュワインは誕生した。ブドウ品種を表記したワインの登場である。伝統に縛られているフランスのワイン界で、古いしきたりを破り、安ワインのイメージしかなかったワイン産地を再生させた意義は大きい。

1980年代、カリフォルニアをはじめとするニュー・ワールドでは、ラベルにブドウ品種を表記した「ヴァラエタルワイン」を造り、ワイン界に新しい革命を起こした。今まで複雑でわかりにくかったワインのラベルが、親しみやすいものになったのである。

このニュー・ワールドのコンセプトをラングドック・ルーションに持ち込み、成功した人物に、ミスター・セパージュの異名をとるロベール・スカリ[※32]がいる。彼は世界各国の視察を熱心に行い、ミディ[※33]の地に変革をもたらした。産地の個性を生かしたワイン造りでなく、また安価なテーブルワイン造りでもない〝ブドウ品種の個性を活かした〟ワイン造りである。彼は、古くからあった伝統品種を引き抜き、畑のブドウ樹をカベルネ・ソーヴィニヨンやメルロ、シャルドネといったボルドー系

※31　オック地区の地酒（ヴァン・ド・ペイ）の意味をもつ。指定産地は「ガール県、エロー県、オード県、ピレネーオリエンタル県」の4つ。ヴァン・ド・ペイ・ドックで、ラベルに品種名を記載する時は100％使用という規定あり。

※32　1982年にナパに農場を購入し、ワイナリーを作った。その後ラングドックに戻って、セパージュワイン造りに着手する。

※33　フランス南部、ラングドック・ルーションのブドウ地帯の総称。

貴品種に変えた。

ＡＯＣに縛られているフランスでは、セパージュワインは「魂のないＡＯＣである」と言われている。確かに、産地の個性より、品種の個性を最も重視しているのであるから、魂の入りようはないかもしれない。でもこれが、世界のワイン愛好者たちのハートに深く入りこんでしまったのである。

「赤ワインは健康に良い」ボルドー大学ルノー博士の説は本当か？

１９９１年、アメリカのＴＶ番組で「心臓疾患と赤ワインの関係」が放映された。番組終了後、ワインショップから赤ワインが姿を消してしまったとも言われた。世界の赤ワインブームに火をつけた「フレンチ・パラドックス」、例の「ポリフェノール[※34]が健康に良い」という事件の発端である。

ブラッド・ピット主演の映画『ジョー・ブラックをよろしく』には〝死神〟が登場する。自動車事故で死んだハンサムな青年の肉体を借りて、死神がつかの間の人間体験をするというストーリーである。

※34　植物に含まれる天然成分。ブドウの果皮からとれる色素成分の「アントシアニン」や、種子からの「タンニン」、「カテキン」などの総称をいう。

死神ジョーは大富豪のメディア王、パリッシュ（アンソニー・ホプキンス）のもとにやってくる。パリッシュを死者の国へ旅立たせるためのお迎えだ。パリッシュには自慢の娘がいた。美人医師スーザンである。ジョーは彼の最期を〝65歳の誕生パーティのあとで〟と決める。パーティの準備は着々と進められている。その中で浮かぬ顔をしている男がひとり。スーザンの義兄クインスだ。彼は陰謀によって社長の座から追放されかかっているパリッシュのことを案じていた。クインスは傍らに来たジョーにワインを勧める。

「赤ワイン、白ワイン？」

「いらないよ」

「飲めよ。君にも酒が必要だ」

スーザンへの恋心に揺れているジョーを、クインスは見抜いていた。でも、死神は〝ワイン〟を断った。

ジョーがパリッシュ家で迎えた初めてのディナーでは給仕係が白ワインをサービスしていた。ジョーのグラスにもワインが注がれるのだが、彼はグラスを回すだけ。翌日のディナーでも用意されていた赤ワインをパス。死神はワインを飲まないので

ジョー・ブラックをよろしく
1998年・米／マーチン・ブレスト監督／ブラッド・ピット、アンソニー・ホプキンス、クレア・フォラーニ　問：ユニバーサル・ピクチャーズ・ジャパン　1800円

ある。

映画『ジョー・ブラックをよろしく』は東京国際映画祭の特別招待作品になっていた。来日したブラッド・ピットの記者会見が開かれることになっていたので、参加させてもらった。チャンスがあれば是非ブラピにぶつけてみたい質問があったからだ。「映画の中の死神は、なんでワインを飲まなかったのか?」と。

会場で手を挙げまくり、目の前までマイクが……。ところが司会者の「お時間です。質問は以上とさせていただきます」という声であっけない幕切れとなってしまった。ブラピから直接返事を聞きたかったのに残念!

先の番組でフレンチ・パラドックスを説いたのは、ボルドー大学のセルジュ・ルノー博士である。博士によると「フランス、特に南フランスの人たちは動物性脂肪を多くとるのに長生きが多い。これは彼らが日頃から飲んでいる赤ワインと関連している」というものであった。南フランスで多く飲まれている日常消費の赤ワインが、結果として動脈硬化を誘発する「コレステロール」[※35]を予防しているのではないか、というものだ。その後、ルノー博士は健康のためのワイン許容量にも触れ、「1日3杯までならポリフェノールの効果で死亡率は減り、4杯以上飲み続けると

※35 酸化LDL のこと。LDL(悪玉コレステロール)が活性酸素によって酸化されて酸化LDLとなり、血管壁に増えて動脈硬化を引き起こす原因になる。

逆に死亡率は高くなる」と言っている。また近年、白ワインの「抗菌作用」[※36]も注目されているが、これは生もの好きの日本人にとって、かなりの朗報と言えるだろう。

日本でワインブームが起きるキッカケになったのは、ある研究発表だった。

1994年、日本の研究チームはイギリスの医学専門誌『ランセット』に論文を発表した。医学の祖と言われるヒポクラテスの時代から「ワインは体に良い」と言われ続けてきたが、詳細な研究データによって、「動脈硬化と赤ワイン」の関係を証明したのはこれが初めてだった。世界初の快挙である。これ以降、日本にも赤ワイン旋風が吹きまくることになる。

〝死神〟はこのようなワインの効用を知っていたのだろう。「体に良いワインなんて、絶対に飲まない！」これが死神のポリシィだったのかもしれない。ワインは彼にとって最悪な飲み物だったに違いない。

※36　白ワインは大腸菌やサルモネラ菌に対する抵抗力が強く、速効性がある。

第 5 章

Italy

イタリア

手袋を外した『ローマの休日』のアン王女は、キアンティがお好き

伝統を重んじるイギリス王室でこんなことがあった。

故ダイアナ妃が、プリンセス時代に一般人との交流の場で、素手による握手をした。それを知って激怒したエリザベス女王は、彼女をひどく叱りつけたとか。王室ではそのような場合、手袋をしたままで握手するのが〝しきたり〟だったのだ。

格式ある王室の意に反したダイアナ妃。そしてもうひとり、ここにも手袋を外したいと願う王女がいた。がんじがらめの公務にウンザリしていた彼女は、監視の目を逃れ、ローマの街中に飛び出す。

映画『ローマの休日』での話である。

ヨーロッパ各国を親善訪問中のアン王女（オードリー・ヘプバーン）はローマ滞在中、宿泊先の大使館を抜け出すことに成功する。極秘に王女捜しを命じられていた情報部員たちがサンタンジェロの船上パーティで王女を見つけ、連れ戻そうとしたことから大混乱。特ダネ狙いで新聞記者という身分を隠して、王女と行動を共に

ローマの休日
1953年・米／ウィリアム・ワイラー監督／オードリー・ヘプバーン、グレゴリー・ペック　問：パラマウント ジャパン　2625円

Italy
［イタリア］

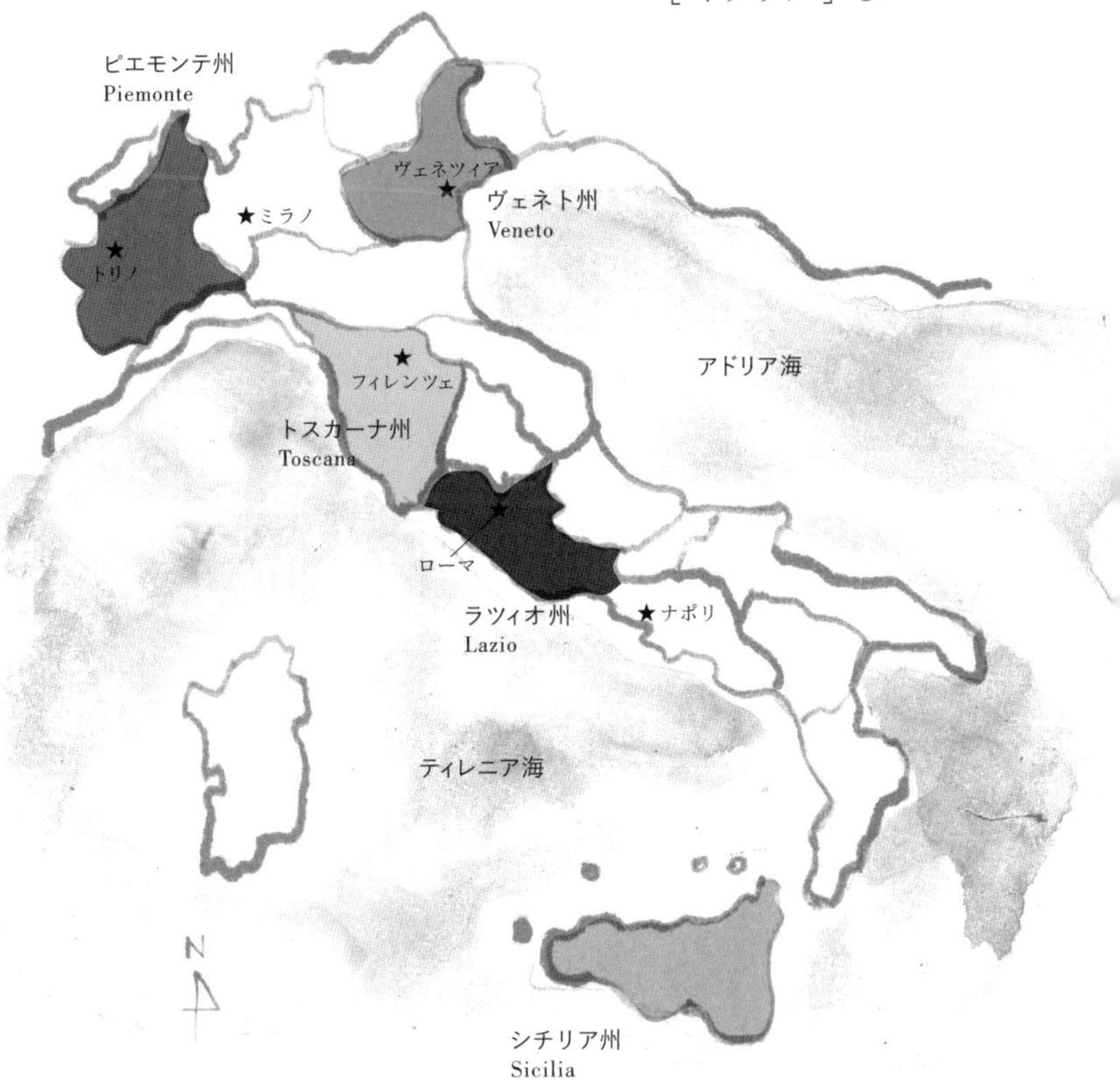
ピエモンテ州
Piemonte
トリノ
ミラノ
ヴェネツィア
ヴェネト州
Veneto
フィレンツェ
トスカーナ州
Toscana
アドリア海
ローマ
ラツィオ州
Lazio
ナポリ
ティレニア海
シチリア州
Sicilia
N

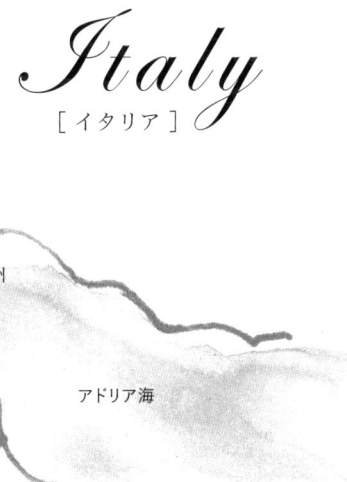

していたジョー・ブラッドレー（グレゴリー・ペック）は友人のカメラマン、アービングの協力でその場を逃れ、ずぶ濡れになりながらもアパートにたどり着く。

シャワールームから出てきたアン王女は彼のガウンを羽織っている。ブラッドレーは藁づとに包まれたキアンティを彼女に差し出しながら、

「服は？」

「すぐに乾きます」

「君は僕の服が似合うようだね」

「そのようです」

「飲むといいよ」

ブラッドレーの簡素なアパートにはキッチンなどなく、ましてや洒落たワイングラスもない。どこにでもあるような普通のタンブラーにワインの組み合わせである。格調高い王室では絶対ありえないワインの飲み方だ。スペイン広場で足を広げてジェラートを舐めたり、髪をバッサリ切ったりするのは、庶民にとっては当たり前のことだが、アン王女にとって、アイスクリームの立ち食いや美容院でのカットはも

✣
**チェッキ
キアンティ・フィアスコ
2006**
Cecchi Chianti Fiasco 2006

イタリアワインの代名詞として有名なデイリーワイン。特有の渋みと果実の風味をもつルビー色のワイン。ピザやナチュラルなトマトソースのパスタ、油っこいお料理に最適。
問：三国ワイン　2415円

ちろん、コップ酒のようにキアンティワインを飲むことは、新鮮で素敵な体験だったに違いない。

キアンティは、花の都フィレンツェを中心とするトスカーナ州で生産されているワインだ。通常の赤ワイン製法[※1]で造るキアンティのほか、ゴベルノ法[※2]という独自の製法で造られるタイプもある。

一般的なキアンティはさわやかさがウリの若飲みタイプなので、世間の〝ワインのしきたり〟などに縛られずに、気楽な気分で飲みたい。たとえ貴方が王女であっても庶民であっても、気取らずに飲むのが似合うワインなのである。

キアンティには、キアンティ地区の限定されたエリアから造られるワンランク上の「キアンティ・クラッシコ」がある。さらに熟成させたタイプは「キアンティ・クラッシコ・リゼルヴァ」と呼ばれている。これら上級クラスはキアンティよりちょっぴり気取って飲んでほしい。

ちょっとわき道にそれるが、映画『硝子の塔』には、ルフィーノ社の「[※3]キアンティ・クラッシコ・リゼルヴァ・ドゥカーレ」が登場する。「カリフォルニアワイン

※1　原料となる黒ブドウの果皮、果汁、種子を一緒に発酵させる。発酵後、圧搾し、果皮や種を取り除く。この後、樽やタンクで熟成させ、さらに瓶に入れて熟成させる。

※2　特殊なワイン製造法。ブドウの一部を早摘みし陰干しする。この乾燥ブドウの未発酵の搾り液を通常の時期に収穫、発酵させておいたワインに加えることで、飲み口がやわらかくなる。19世紀、リカソリ男爵によって考案された。

※3　2年以上の熟成（うち、3カ月以上瓶熟成）が義務づけられている。

が好き」と言っていた男が、ターゲットとして狙った女性を誘ってレストランで飲むワインなのだが、リゼルヴァ・ドゥカーレは〝公爵のためのとっておき〟という意味をもつ、熟成タイプの赤ワインだ。ただ、このシーンはとっておきのワインの存在より、男の挑発に乗ってレストランで下着を脱ぎ取るシャロン・ストーンの大胆な演技のほうが強烈だったので、ワインに気がついた人がいたかどうか。

　さて、ブラッドレーの部屋の棚の上にちょこんと置かれたキアンティのボトル。一度見たら忘れられないユニークな瓶型をしている。藁に包まれたフィアスコ型※4は、底が丸いフラスコ瓶なので安定感があり、ボトルの保護にも役立っている。

　フィアスコ型ボトル誕生の経緯について、イタリアワインの大家、塩田正志氏から面白い話を伺った。トスカーナ地方だけでなく、イタリアには必ずと言っていいほど、日陰用の大きな樹が植えてあるが、フィアスコ型のボトルについている〝紐〟は、農夫が農作業の間、ボトルをブドウ畑にある木の枝に掛けておくための大事な部品だったとか。水筒代わりに使われていたフィアスコ型ボトルは、藁で包むことで瓶を割れにくくするための知恵だったようだ。

✣ **ルフィーノ・キアンティ・クラッシコ・リゼルヴァ・ドゥカーレ2005**

Ruffino Chianti Classico Riserva Ducale 2005

キアンティ生産地の中でも格上のクラッシコ地区で造られる赤ワイン。豊かなコクとバランスがとれた味わいで人気。問：コンステレーション・ワインズ・ジャパン　オープン（参考価格3600円）

※4　Fiasco（伊）。フラスコ型のボトルのこと。

近年、藁づとを編む人が減っていることもあり、ボルドー型[※5]のキアンティが増えている。キアンティの瓶型は映画の中でも確実に変化している。1950年代に作られた『ローマの休日』や『旅愁』、イタリアの古き良き時代を描いた『ニュー・シネマ・パラダイス』、ルキノ・ヴィスコンティ監督の『家族の肖像』などは藁づと派。一方、1990年代になってからの映画『迷子の大人たち』や『快楽晩餐会』などはボルドー型が使われている。

『ローマの休日』のラストシーン……王女は翌日の記者会見の席で、ブラッドレーとアービングの姿を見つける。「記者たちと親しくお会いしたいと思います」と侍従たちに告げた王女は、驚く伯爵たちを尻目に記者団のひとりひとりと親しく挨拶し、握手を交わしていく。その時のアン王女の左手には、右手にはめているはずの手袋がしっかり握られていた。しきたり破りの握手をしていたのだ。ブラッドレーとの恋は成就しなかったが、アン王女の行動は王室に〝変革〟をもたらしたはずである。

※5　瓶の両肩が張ったタイプで、世界の多くの国々で使用されている。瓶の両肩がなだらかなのはブルゴーニュ型。

「ワイン・ルネッサンス」を起こした トスカーナ名門貴族のアンティノリ家

ワインの伝統国イタリアにも〝新しい変化〟が起こっていた。アン王女がブラッドレーに勧められて飲んだキアンティの故郷、あのフィレンツェの地で。
ワイン[※6]の歴史が古い国だけに、生産者たちの多くは昔からの〝勘〟に頼ったワイン造りをしていた。そんな中、イタリアワインの流れを変える事態が起きる。立役者は大農園の地主であるイタリア貴族だった。

1968年、トスカーナの名門貴族アンティノリ家から「サッシカイア」と呼ばれる赤ワインが出荷された。ボルドー系高貴品種の「カベルネ・ソーヴィニヨン」と「カベルネ・フラン」から造られた赤ワインである。ワインの生産量で絶えずフランスと首位の座を争っているイタリアが、自国のブドウ品種ではなく、フランス原産のブドウを使って造ったワインだ。それも従来からの大樽による熟成は行わず、バリックと呼ばれる小樽[※7]で熟成させたものである。

※6 ワインの歴史は約2000年前、ギリシャ人たちが南イタリアにブドウをもたらしたことが始まりと伝えられている。

✣ **ボルゲリ・サッシカイア 2005**
| Bolgheri Sassicaia 2005
カベルネから造られるボルドータイプのワイン。1994年にVdTからDOCに昇格。トスカーナで起こった〝ワイン・ルネッサンス〟の先駆的存在。問：エノテカ 1万8000円 ※写真は2002年のもの

アンティノリ家の親戚筋にあたるインチーザ・デッラ・ロッケッタ侯爵家の当主マリオはボルドーワインと競馬が好きで、その関係もありシャトー・ラフィット[※8]のロートシルト男爵と親しく交流していた。第二次世界大戦でボルドーワインが手に入らなくなっていたマリオは自らボルドースタイルのワインを造ろうと努力する。しかし、納得できるワインはできなかった。その嘆きをロートシルト男爵に伝えたところ、フランスからカベルネ・ソーヴィニヨンとカベルネ・フランのブドウ樹が贈られてきた。喜んだ侯爵は所有する丘陵地に植樹、1944年のことである。初収穫は1948年で、もっぱら侯爵のプライベート・ワインとして消費していた。1965年、今度は低地の小石の多い土地にブドウ樹を植えた。フランスのボルドーに似た土壌のボルゲリ[※9]には、高級ワインを造るための条件[※10]が整っていた。3000本だった生産量が、ブドウ畑の拡張で13万本まで増えた。そして1968年、ワインの販売ルートがなかったロッケッタ侯爵家に代わって、ワイン造りで600年以上の歴史をもつアンティノリ家が「サッシカイア」を市場に出した。これが「サッシカイア」誕生の経緯である。

イタリアワイン界に起こった新しい動きだ。

※7　225リットルの樽で高級ワイン造りに用いられる。ワインに柔らかさや複雑さが加わる。

※8　ボルドー、メドック地区ポイヤック村にあるグラン・クリュ第1級格付けワイン。

※9　トスカーナの海岸沿いの地域。

※10　ブドウ畑の斜面や土壌、微気候など。

「キアンティ・クラッシコ」の品質改良に着手していたアンティノリ侯爵は、サッシカイアの主要品種カベルネに注目する。フランス系品種を用いることで自らのワインに新しさを吹きこんだ彼は、1971年に「ティニャネッロ」を発表。これはイタリアを代表する品種[※11]サンジョヴェーゼに、カベルネをブレンドして造ったワインである。古い伝統を生かしながら、新しさを導入した革新的なワイン。ティニャネッロも超人気ワインとなる。

かつてフィレンツェで起こったイタリア・ルネッサンス。それから5世紀あまり経て起きた、この一大センセーションをワイン界ではイタリアワインの革命「ワイン・ルネッサンス」と呼んでいる。

イタリアはフランスのAOCをお手本にして1963年にワイン法[※12]を作った。カテゴリーは4つ。ピラミッド型の底辺部分から「ヴィーノ・ダ・ターヴォラ(VdT)」、「地理的表示付きのヴィーノ・ダ・ターヴォラ（VdTIGT）」、「D[※13]OCワイン」で、上位になるにつれ規定は細かくなる。最上位のカテゴリー「[※14]DOCGワイン」はすでにDOCの認可を受けている優良ワインの中で、その後さらに厳しい検査に合格したワインだけに与えられるものだ。2008年7月現在、36[※15]銘柄（近々40になる

※11 キアンティの主要品種。イタリアでの栽培面積が最も多い。

※12 DOC法（原産地統制呼称法）を制定。

※13 「原産地統制呼称ワイン」。原料ブドウの産地、品種、混醸の比率など細部にわたる規定がある。

※14 「保証付き原産地統制呼称ワイン」。最低5年間DOCでなければならない。1ヘクタール当たりの生産量、ブドウ樹の栽培数などの規定がある。

見込み）が認可されている。

　ヴィーノ・ダ・ターヴォラは日常気軽に飲まれる安価なワインである。イタリア国内のどこの産地のどのブドウを使おうが、またブレンドしようが何にも拘束されない自由なカテゴリーのワインだ。イタリアではカベルネのような外来ブドウ品種を使用したり、伝統的な醸造法から外れたワインはＤＯＣワインやＤＯＣＧワインより下位とみなされてしまう。どんなに素晴らしい品質のワインであっても、ワイン法の規定に反しているからダメなのだ。

　アンティノリ侯爵はワイン法の枠にとらわれない〝自由な発想〟を求めた。自らが造り出した「ティニャネッロ」や「ソライア」[※16]といった高品質ワインを「ヴィーノ・ダ・ターヴォラ」のカテゴリーで、市場に出したのだ。ワイン法で一番下のカテゴリーでありながら、品質はＤＯＣＧを凌ぐ超高級ワイン、これらのワインは「スーパー・タスカン」[※17]とか「スーパー・ヴィーノ・ダ・ターヴォラ」と呼ばれ、世界のワイン愛好者から熱い眼差しを受けている。

　1994年、サッシカイアは「ボルゲリ・サッシカイア」としてＤＯＣワインの

※15「キアンティ・クラッシコ」、「バローロ」、「バルバレスコ」など。

イタリア・ワインのカテゴリー

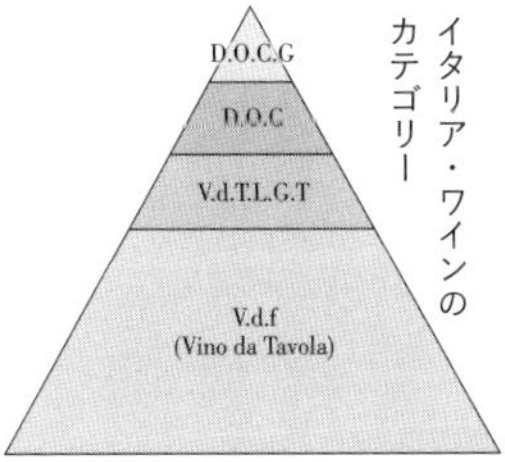

※16 ティニャネッロに続きアンティノリが1978年にリリースしたワイン。現在ソライア、ティニャネッロともにIGT。

※17 アメリカでこのように呼んだことから始まった呼び名。

仲間入りをした。ワイン法の枠外のブドウや醸造法で造ったワインが、権威あるイタリアのワイン法を崩したのである。

イタリア北部のピエモンテと言えば、覚えておきたいバローロとバルバレスコ

イタリアは南北に長いため、気候や土壌が変化に富んでいる。ブドウ品種も多い。だから個性的でヴァラエティあふれるワインができる。イタリアワインの面白さはその豊富さにあるのだが、それは反面難しさにもつながる。

イタリア北部のピ[※18]エモンテ州では1000年以上も前からワイン造りが行われていた。冷涼な気候下で栽培されている黒ブドウの「ネ[※19]ッビオーロ」から長熟タイプの赤ワイン「バローロ」や、バローロより若干軽めの「バルバレスコ」が造られている。イタリアワインの中で必須アイテムと言えるワインである。

1998年、『デ[※20]キャンター』誌で〃マン・オブ・ザ・イヤー〃を受賞したアンジェロ・ガイアは、この地でワイン改革を進める旗頭的存在である。彼はイタリアワインの変化について、次のように語っていた。「イタリアではワインは飲み物で

ソライア2004
| Solaia 2004
トスカーナの名門アンティノリの自信作。市場ではなかなか入手できない希少ワイン。
問：アサヒビール オープン価格 ※写真は1995年のもの

※18 ピエは足、モンテは山。山の麓の意味をもつ丘陵地帯ピエモンテはフランス国境に隣接している。

※19 霧（ネッビア）が出始める頃に収穫することから、その名がつけられた。十分なタンニンと色素を備えたブドウ。

※20 イギリスを代表するワイン専門誌。

この度は本書『映画でワイン・レッスン』をご購入いただきありがとうございます。
109ページ下段、コルトン・シャルルマーニュ2005の解説文に誤りがありました。

（誤）
0.4ヘクタール弱のブドウ畑から造られる、刺激的な香りの白ワイン。コシュ・デュリィはムルソーにも畑を所有する名醸造家。

（正）
コルトン・シャルルマーニュを代表するドメーヌが造り出す、あふれんばかりのミネラルと鋼のような力強さを備えたワイン。

読者の皆様並びに関係者の皆様に多大なご迷惑をおかけしたことを深くお詫び申し上げ、ここに訂正させていただきます。

株式会社柑出版社

はなく、食物の一部であった。食品からエネルギー源をとるのと同じ目的だった。私の住むピエモンテのワインの年間消費量は、かつては170リットルもあった。今、イタリアワインのひとり当たりの消費量はわずか55リットルである。国内のワイン消費量の激減はワイン造りを大きく変えるきっかけになった」と。ワインは食べるための大量生産型から、飲むための品質重視型へと転換していったのだ。

彼はピエモンテ州の伝統品種ネッビオーロを100%使用してバローロやバルバレスコを造るが、熟成のための樽は伝統的な大樽ではなく、バリックを使用している。その結果、ワインにエレガントさが備わった。タンニンが多く、どっしり重いイメージだったワインが変わったのだ。またカベルネ・ソーヴィニヨンを使った「ダルマージ」[※21]は、スーパー・ヴィーノ・ダ・ターヴォラとして人気を得ている。

ピエモンテ州の「アスティ」はマスカット系のブドウから造られる甘口のスプマ[※22]ンテだ。「シャルマ製法」で造られるため、ブドウの香りが十分楽しめる。特に女性たちに受けが良い。

北部にある「ヴェネト州」のワインはイタリアンレストランの定番である。知名度抜群な白ワイン「ソアーヴェ」や、軽口タイプの赤ワイン「ヴァルポリチェッラ」

ガイア・バルバレスコ 2004
Gaja Barbaresco 2004
エレガントで凝縮感のあるバルバレスコは、バリックで半年以上、大樽で1年半熟成。問：MHD ディアジオ モエ ヘネシー　2万4150円
※写真は2000年のもの

※21　ピエモンテの方言で「なんてこった」の意味。ガイアが外来種のカベルネ・ソーヴィニヨンを栽培するのを見た父親が驚愕して叫んだダルマージから命名。

※22　イタリア産スパークリング・ワインの呼称。

がある。「ヴァルポリチェッラ」は『ロミオとジュリエット』の舞台になった町ヴェローナの郊外で造られている。

ヴィスコンティの『家族の肖像』にトスカーナ産の優雅なワインが

イタリア中部と言えば「トスカーナ州」だ。冒頭のキアンティは世界中で知られているワインである。19世紀には黒ブドウと白ブドウを混醸して造られていたキアンティも、1992年のワイン法の見直しで、大きく変化した。

ヴィスコンティの映画『家族の肖像』の主人公はローマの古い大邸宅に住む老教授である。ある日、彼は知人をディナーに招待する。クリスタルのデキャンターには上等そうな赤ワインが入っている。デキャンターを隣席に渡しながら若い男が教授に訊ねる。

「故郷のワインですか？　どこですか？」

「トスカーナです」

「おいしい」

✣ **ソアーヴェ・クラッシコ・スペリオーレ2000（ピエロパン）**

Soave Classico Superiore 2000
Pieropan

クラッシコは、〝特定の古くからあるブドウ園のブドウから造られたもの〟を意味する。ピエロパンが造るソアーヴェは上品でバランスのとれた味わい。問：フードライナー　2415円

ワインの賛辞は老教授を大いに満足させた。

映画には3種類の赤ワインが登場する。まず「藁づとのキアンティ」だ。日常の食料がストックしてある倉庫の棚にはキアンティが整然と並べられていた。教授が日頃常飲しているのは自家用瓶に詰め替えられたワインで、それを楽しむ時はお気楽なタンブラーだった。ディナーの席では教授の故郷トスカーナから取り寄せた極上ワインをデキャンターに移し替え、大切な来客にふるまっていた。もちろんワイングラスで飲んでいる。

来客用のワインの名前は出てこないが、トスカーナ産の赤ワインで〝優雅さ〟があり、高貴な人の食卓には欠かせないワインなら、DOCG[※23]「ヴィノ・ノービレ・ディ・モンテプルチャーノ」以外ないだろう。ヴィノ・ノービレは〝高貴なワイン〟という意味をもっている。昔からの評価も高く、郷里を離れて暮らす名士たちから最も愛されていたワインだ。

『ローマの休日』のアン王女が、たった1日だけの自由を楽しんだローマは、イタリア中部にある「ラツィオ」の州都である。この州には名前が覚えやすく、口当た

家族の肖像
1974年・伊&仏／ルキノ・ヴィスコンティ監督／バート・ランカスター、シルヴァーナ・マンガーノ　問：紀伊國屋書店　5040円

※23　モンテプルチャーノでは主要品種であるサンジョヴェーゼ種をプルニョーロ・ジェンティーレ種と呼ぶ。

りの良い白ワイン「エスト・エスト・エスト」がある。〝ある〟が3つも繋がったわけは……その昔、ローマ法王に謁見するため、ローマに向かったドイツの僧が従者に命じた。「一足早く行き、途中、おいしいワインがあれば、ドアに〝ある〟と表示しておくように」と。忠実な従者は、ラツィオのモンテフィアスコーネの地で地元のワインを飲み、あまりのおいしさに〝ある〟を3回も書いてしまい、「エスト・エスト・エスト」になったという話だ。

南部シチリア島はワインのルーツ 『ゴッドファーザー』に学べ

イタリア南部のシチリア島は、映画によく登場する。『ニュー・シネマ・パラダイス』、『山猫』、『グラン・ブルー』、『ゴッド・ファーザー』など力作が多い。

フランシス・F・コッポラ監督の『ゴッド・ファーザー』はイタリアン・マフィアの内幕を描いた作品だ。初代ゴッド・ファーザー、ヴィトー・コルレオーネを演じたマーロン・ブランドのアカデミー賞主演男優賞受賞や、ニーノ・ロータの哀愁に満ちた音楽など話題性も十分だった。「パートI」は……初代ドン・コルレオー

ヴィノ・ノービレ・ディ・モンテプルチャーノ2005（アヴィニョネージ）
Vino Nobile di Montepulciano 2005 avignonesi
トスカーナを代表する生産者の芳醇で味わい豊かな赤ワイン。問：モンテ物産　オープン価格

ネ（マーロン・ブランド）が麻薬売買のトラブルから狙撃され重傷を負う。仕返しのために立ちあがったのは三男のマイケル（アル・パチーノ）だった。彼は堅気の世界で生きようと決めていた。兄弟の中で一番頭が良く、おっとりした性格のマイケル。その彼が父親を狙った敵のボスと悪徳警官を射殺してしまう。シチリア島に潜伏していたマイケルはやがて美しい村娘と出会い、結ばれる。しかし彼を暗殺しようと仕掛けられた爆薬によって愛する妻は爆死してしまう。

そして「パートⅢ」……。時が過ぎ、2代目を襲名したマイケルは、懐かしいシチリア島を訪れる。コルレオーネの故郷、シチリアだ。その州都パレルモにあるオペラ・ハウスで、息子であるトニーがオペラ・デビューするのを観劇するためだった。温和で優しい性格の息子、トニー。彼は堅気なのだ。

マフィアのドンとして強大な権力を手にしてきたマイケルは、殺戮と暴力の世界から離れ、合法的なビジネスへの移行を考え始めていた。バチカンと組むことでその可能性も見えてきたところだった。しかしファミリーに甥のヴィンセントが加わったことで内部抗争が勃発する。組織の立て直しをはかるマイケルを抹殺しようとする動きが出始めて……。

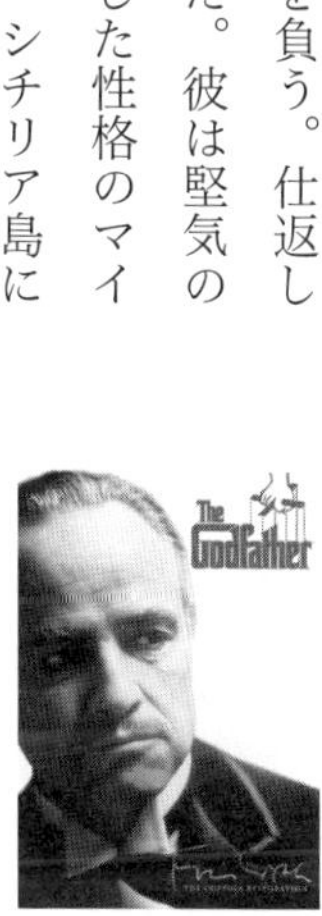

ゴッドファーザー PARTⅠ
1972年・米／フランシス・F・コッポラ監督／マーロン・ブランド、アル・パチーノ、ジェームズ・カーン
問：パラマウント ジャパン
2625円

マイケルの友人ドン・アルトペロが、シチリアのモンテレプレ村に住む暗殺者親子に殺害をもちかけるシーンだ。

「靴のなかに石ころが入ってしまった。取り去って欲しい」とアルトロペ。

殺し屋はカラフェ[※24]に入った赤ワインを小ぶりのタンブラーに注ぎ、乾杯をする。

「健康に！」

「そして死に！」

話の内容は極めてダーク。対照的に島の風景は限りなくライトで、のどかな雰囲気を漂わせている。空の青さも眩しいくらいだ。彼らがくつろいでいる庭先には、古びたテーブルと椅子があり、そして巨大なアンフォラがあった。

アンフォラ？　耳慣れない言葉かもしれない。これは〝両側に取っ手のついた陶器製の容器〟のことだ。毎日ワインを飲んでいても、結構容器については気にしていないものだ。今はガラス製のボトルになっているが、昔は動物の皮革やアンフォラが使われていた。ガラス瓶になったことで、我々は実に多大な恩恵を受けているのだ。ここで少しだけ、ワイン容器の流れを見てみよう。

アンフォラの語源はギリシャ語の「アンファレウス」だ。古代ギリシャからロー

ゴッドファーザー PART Ⅲ
1990年・米／フランシス・F・コッポラ監督／アル・パチーノ、アンディ・ガルシア、ソフィア・コッポラ
問：パラマウント ジャパン
2625円

※24　水やワインを入れる食卓用の容器

マに伝わり、ワイン商人たちはワインの「貯蔵」や、ワイン売買の「道具」に使っていた。

当初、ワインは動物の膀胱や皮で作った袋に入れられていた。やがて「アンフォラ」の時代へ。アンフォラには底が平らなタイプと、底が尖った「尖底」タイプがある。映画に登場するアンフォラは前者で、古代ギリシャ・ローマ人たちが用いていたのは後者である。このタイプはシチリア島の博物館や、ポンペイの遺跡で見ることができる。ローマ時代、ワインが入ったアンフォラには「産地」と「ヴィンテージ」を記録したラベルが貼られていたという。長期保存を可能にするために重要な役目をしていたのはコルク栓だった。シチリア島沖で発見された古代ギリシャのアンフォラにもコルク栓[※25]が使用されていたことがわかっている。

南イタリア[※26]やシチリア島はギリシャ人たちが最初にワイン造りを伝えた土地なので、多くの遺跡が残っている。ベズビオ山の麓にあったポンペイは、火山の大噴火で紀元79年、一瞬にして廃墟となった。当時、ワイン商人たちによって売買されていたワインはポンペイのバーでも飲まれていたが、彼らは現代人のように〝生のまま〟でワインを飲むのではなく、カクテルのようにして飲んでいたらしい。「薬草」、

※25　ローマ時代にはコルクで栓をした上から樹脂で覆っていた。コルク栓は中世で一時姿を消したが、発泡性ワインの発明以降、再び活用されるようになった。

※26　ウンブリア州、カンパーニャ州、プーリア州。

「蜂蜜」、「塩水」、「松脂」[※27]などを入れていたが、すべてギリシャ人たちから伝承されたワイン文化であった。

その後、重くて壊れやすいアンフォラに変わって登場したのが、おなじみの「木樽」[※28]だ。ジュリアス・シーザーはガリア[※29]征服によって、先住民族ケルト人たちがビールの貯蔵に使っていた木樽をワイン輸送の道具にすることを思いつく。約２００年ほど前の出来事だが、科学が進歩している現代でも、木樽はワイン醸造に欠かすことのできない存在になっている。

ガラス瓶の発明はワインの熟成を可能にした。最初は玉ねぎ型をしていたガラス瓶も19世紀初頭になって、積み重ねできる現在のような丸型瓶に変化した。これにより熟成ワインが登場することになったのである。我々が今、ワインをおいしく飲めるのも、この横積ワイン瓶のおかげなのである。このような変遷あってのワインなのだ。

※27　ギリシャワインの「レツィーナ」は松脂入り。当時の名残と思われる。
※28　丸い樽は転がして運ぶのに便利、ひとりで移動させることが可能である。
※29　現在のフランス、北イタリア。

コッポラが愛娘に贈った「Ｓｏｆｉａ」という名のスパークリングワイン

『ゴッド・ファーザー』の「パートⅢ」のラストシーン。マイケルを狙った殺し屋の銃弾は、彼の最愛の娘メリーの胸を直撃する。その昔シチリア島で新妻を失った悲劇に続く惨事だ。

映画で愛娘役を熱演していたのはコッポラ監督の実娘ソフィア・コッポラである。彼女は１９９９年の６月に挙式したが、マイケル同様、娘を溺愛するコッポラ監督はソフィアの望み通りのワインを造る。父親から「大きくなったら君のためにワインを造るよ」と言われ続けてきた彼女は、成長する過程で何度も「いつ造ってくれるの」と聞いていたという。彼女のリクエストは「シャンパンのようでシャンパンほどガスっぽくなく、値段も高すぎないワイン」というものであった。その結果、誕生したのが「Ｓｏｆｉａ」であり、彼女の結婚を機に、特別なスパークリングワインはリリースされた。

映画の中では不幸な結末を迎えたメリー役のソフィア・コッポラも、実生活では

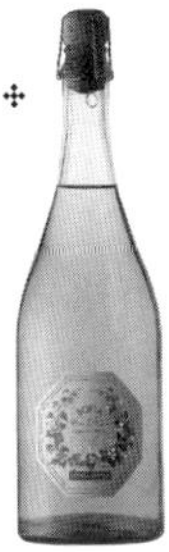

ソフィア２００７
Sofia 2007
コッポラ監督が愛娘ソフィアの結婚を記念して造ったスパークリング・ワイン。問：ワイン・イン・スタイル　３６５４円　※写真は１９９８年のもの

ワインにハマっている偉大な父親のおかげで、生涯最高の素晴らしいプレゼントを受けたようだ。ファミリー想いのイタリア系のコッポラらしいエピソードである。

映画監督フランシス・F・コッポラがワインの世界に足を踏み入れたのは1975年のことだ。カリフォルニアのナパ・ヴァレーで別荘探しをしていたコッポラ夫婦はヴィクトリア様式の洒落たシャトーのあるブドウ園に目をつけた。そこは「イングルヌック」[※30]という、フィンランド移民のグスタブ・ニーバウムによって建てられたワイナリーであった。

コッポラのワイナリーの代表ワインは、カベルネ・ソーヴィニヨンを主体とする芳醇な「ルビコン」である。ローマの英雄ジュリアス・シーザーの「ルビコンを渡る」の、あのルビコンだ。ワイン造りという未知の世界への冒険と、映画『地獄の黙示録』製作がまさに同時期であり、このふたつの出来事への計り知れない気持ちから命名されたという。当初ワインの評価は芳しくなかったが、凄腕のワインメーカー[※31]の指導を受け、今では高品質で味わい深いワインになっている。

※30　1975年イングルヌックの一部を手に入れたコッポラは、1995年に全権を買い取った。

世界的な傾向として、フランス系の品種カベルネ・ソーヴィニヨンやシャルドネが流行している。イタリアでもこれらの品種を使ったワイン造りが盛んである。一方でイタリア独自の伝統品種は貴重な財産となっている。他の国を見てもブドウ品種がこれだけ豊富な国はない。土着品種を改良したブドウから新たなワインが生まれる可能性も高い。

口に含んだ途端タンニンの渋みで言葉を失うことが多かった北部のワインは、精細さやエレガントさを加え、今までサッパリ系で飲みやすいワインが多かった南部のワインは芳醇で重厚な味わいを備えたものになっている。ワインの顔であるラベルも、ファッションの国イタリアらしく、斬新で魅力的である。

映画『ローマの休日』はローマという地名を一躍有名にしたが、イタリアワインの躍進は一都市だけにとどまらず、全土が注目の的になっている。

✣ **ルビコン2003**
| Rubicon 2003
コッポラ監督が所有する『ルビコン・エステイト』のフラッグシップワイン。カベルネ、メルロ、プティ・ヴェルドをブレンドしたボルドースタイル。問：エノテカ　1万5750円

※31　1991年ものは著名なワインメーカーのトニー・ソーターと、コッポラワイナリーのワインメーカー、スコット・マクリードの共同作。1992年からはスコット専従。「ワインメーカー」はイタリアでは「エノロゴ」という。

第 6 章

California

カリフォルニア

ワインと映画が大好きな私にとって試写会は楽しい。今度はどんなワインと出会えるのだろうかと。それは初めてのワインをテイスティングする瞬間に似ている。映画『ブラッド アンド ワイン』の時がまさにそうだった。〝ワイン〟というタイトルと、主人公の職業がワイン・ディーラーであるというダブル設定が、登場するワインを大いに期待させてくれた。

『ブラッド アンド ワイン』でナパの極上ワインをガブ飲みする、怪優ジャック・ニコルソン

ＢＭＷを乗り回し、上等そうなスーツを着こなすアレックス（ジャック・ニコルソン）は一見優雅な職業人。若くてナイスバディな愛人もいる。しかし、家庭に帰れば全くの別人で、妻には暴力をふるい、義理の息子との仲は険悪だ。おまけに家計は火の車、お店の経営も最悪の状態である。彼は資金調達を考える。根っからのワルであるアレックスはプロの金庫破りヴィクター（マイケル・ケイン）と組んで、高級ワインばかり注文してくる顧客のダイヤのネックレスを盗む計画を立てる。130万ドルものネックレスを手に入れたふたりは……。ダイヤをめぐってふたり

ブラッド アンド ワイン
1996年・米／ボブ・ラフェルソン監督／ジャック・ニコルソン、スティーブン・ドーフ、ジェニファー・ロペス、マイケル・ケイン

の男の欲と裏切りが交錯する。

プールサイドでハンモックに揺られながら昼寝をしているアレックス。血相を変えてやってきたヴィクターが言う。

「どこだ？」

「なにが」

「ダイヤのネックレスだ。あの女と持ち逃げする気だろう。思い知らせてやる」

「本当に知らないんだ」

「ムショで死ぬのは……ご免だ」

喘息持ちのヴィクターは争いが原因で発作をおこす。彼は椅子に身をまかせたまだ。同情するそぶりを見せるアレックス。彼はヴィクターに近づき、安心させた後、顔にクッションを当て窒息死させてしまう。凶暴な男を演じたらダントツのニコルソンだ。

アレックスはテーブルの上にあった赤ワインのボトルをつかみ、グラスに注いでから、

「自分の服を着て死ねただけマシだろう。ひとまず乾杯だ」

とつぶやき、赤ワインを豪快に飲み干す。暑い盛りに、である。それも野外で。ビヤホールで喉の乾きを潤すためにビールをイッキ飲みしているような感じだ。この場ではビールのほうがピッタリなのだが、あえてワイン。なぜなら彼はワイン・ディーラーだから。

映画が〝男と男の対決〟という重苦しいテーマだからなのか、監督が意図的に小道具として用意したものはクルーザー、真っ赤なBMWのカブリオレ、そしてワイン。主人公の職業も映画の世界ではまだ登場していなかったワイン・ディーラーである。ちなみに仕立ての良いスーツはニノ・セルッティ製。何から何まで高級なイメージでまとめている。そして、ブランド好きのアレックスがプールサイドで飲んでいた赤ワインの銘柄は……カリフォルニアの「オーパス・ワン」だ。リリース当時は、〝幻の赤ワイン〟と形容されていた。通好みのワインとして今でも根強い人気を誇る超高級品である。

「オーパス・ワン」は、カリフォルニアワインの世界でパイオニア的存在である故[※1]ロバート・モンダヴィと、ボルドーの名門[※2]シャトー・ムートン・ロートシルトのオ

✣ **オーパス・ワン2004**
Opus One 2004
故ロバート・モンダヴィと故フィリップ・ド・ロスチャイルド男爵が造り上げた逸品。ワイン愛好家垂涎の赤ワイン。問：メルシャン　オープン価格　※写真は1985年のもの

※1　1996年オークヴィルにワイナリーを設立。古い伝統と最新醸造技術を融合させたカリフォルニアワインの先駆者。2008年5月他界。

※2　ボルドーの由緒あるシャトー。1855年の格付けで第2級の筆頭となるが、1973年第1級に昇格。毎年、有名画家によって描かれたラベルを使用している。

ーナー、故フィリップ・ド・ロスチャイルド男爵の出会いによって誕生した。初めてワインが市場に出たのは1979年。カリフォルニアワインの〝力強さとコク〟、さらにはフランスワインの〝優雅さ〟を併せ持った気品あふれる逸品である。特徴的なラベルは創始者であるロバート・モンダヴィとフィリップ男爵の横顔がシャドーで描かれている。

　このワインは「作品番号1番」の意味をもち、命名者は「私にとって1本のワインは交響曲であり、1杯のグラスワインはメロディーのようなものだ」と常々語っていたフィリップ男爵である。スーパー・プレミアムワインとして登場した頃は400ケースしかなかったが、今では年間生産量約2万5000ケース、世界65カ国以上で販売されている。品種はボルドー・ブレンドのカベルネ・ソーヴィニヨン、カベルネ・フラン、メルロの混醸で、年によってブレンドの比率が異なるが、最近ではマルベックやプティ・ヴェルドも使われている。

　このワインには「OVERTURE（序曲）」という名前のセカンドワイン※3がある。オーバーチャーはワイナリー直売の製品であり、発売時期も限られている。入手しにくいワインには違いないが、ぶどうの収穫期にカリフォルニアのワイナリー見学

✣ オーバーチャー
Overture
オーパス・ワンとして出すには少々力不足と判断されたワインは、オーパス・ワンのセカンドラベル「オーバーチャー」として売り出される。ワイナリー直売のみ。参考品。

※3　樹齢の若いブドウ、あるいはブレンド段階でオーパス・ワンの基準に達しなかったワインから造られる。セカンドワインはセカンドラベルとも呼ばれる。

を予定しているのなら、オーパス・ワンのワイナリー宛てにメール[※4]を送り、オーバーチャーの在庫を確認してみるのもいいだろう。ちなみに1本の現地価格は50ドルである。

以前、オーパス・ワン[※5]のワイナリーを訪ねた時、テラスのテーブルの上に置きっ放しになっていたグラスがあった。その中には、観光客が飲み残した「オーパス・ワン」が入っていたのだが、グラスのそばを歩いている間じゅう、豊かな果実の香りがあたりに漂い、目を突き刺すような鮮やかな真紅の色が強烈だった。

『ブラッド アンド ワイン』でニコルソンは、眩しいフロリダの暑い太陽の下で、オーパス・ワンを大胆かつワイルドに飲んでいた。ワインの色合いは血のように赤く、香りはむせ返るほどだったに違いない。オーパス・ワンの高貴なイメージと、残酷な犯罪者との組み合わせはあまりにもアンバランスだとは思うが、ワイン・ディーラーであるアレックスがオーパス・ワンをお気に入りワインにしていたのなら、ワインのプロとしての力量は極めて確かと言えるのではないだろうか。

アメリカと言っても、生産量全体の9割はカリフォルニアワインである。198

※4 info@OpusOneWinery.com

※5 サンフランシスコのトランス・アメリカのタワー・ビルを設計したスコット・ジョンソンの手によるワイナリーは1991年に完成。

3年に制定されたワイン法では産地、ブドウ品種、収穫年などの表記が規制されている。法律で認められた産地を示すAVA[※6]があり、ワインのカテゴリーは次の3つに分類されている。

必須カテゴリーは「ヴァラエタルワイン」だ。これは、ニュー・ワールド[※7]と呼ばれる国々のワインに共通するので覚えておくと役に立つ。原料として使われる〝ブドウ品種〟がラベルに記載してあるワインである。

このワインは、入門者からベテランに至るまで幅広い層に人気がある。ラベルにブドウ品種を載せる場合、法律上、単一品種を75%以上使うとか、ラベルに産地名を載せる場合、AVAで収穫されたブドウ品種なら85%以上などといったお約束があるのだが、細かなことは抜きにして一目でボトルの中の品種がわかるのは嬉しい。

現在、世界で栽培されているブドウ品種は約1000種ほどある。そのうち、ワイン用に使われているのは約100種程度。日常生活でワイン選びをするなら、代表的な6品種を覚えておけば何とかなるはずだ。

黒ブドウの「カベルネ・ソーヴィニヨン」、「メルロ」、「ピノ・ノワール」、それから白ブドウの「シャルドネ」、「ソーヴィニヨン・ブラン」、「リースリング」だ。

※6　「American Viticultural Areas」の略でアメリカ政府公認のブドウ栽培地域を指す。

※7　ワイン生産の歴史が浅い産地や、歴史はあっても知名度が低かった国などを指す。

オールド・ワールド[※8]のワインは原則として「産地名がワイン名[※9]」になっているので、産地をある程度理解していないと、使われているブドウ品種が全くわからなくなってしまう。覚えなければと力むと、ワインを楽しむ前にワイン嫌いになってしまう。その点、ヴァラエタル・ワインだとラベルに書いてあるブドウ品種を見ただけで、ワインの味をイメージすることができる。シャルドネが好きな人はシャルドネと表示してあるワインを選べば、ワイン選びで大きな失敗をすることはない。もちろん、同じシャルドネでも造り手によって味わいに違いはあるが、本筋から大きく外れることはほとんどない。

2番目は「セミ・ジェネリック・ワイン」である。主にアメリカ国内で消費されるデイリーワインで、単一のブドウ品種から数品種のブドウをブレンドしたものまでいろいろある。ヨーロッパ[※10]の有名ワイン産地名をつけたタイプや、「レッド」とか「ホワイト」といった具合にワインの色合いを表示したタイプがある、基本的には安価なワインなので、ラベルにブドウの品種名が出ることはない。

最後は、ワイナリー独自の商標名を持つ「プロプライアタリー・ワイン」だ。ボルドータイプの高級ワインはこのカテゴリーに属する。オーパス・ワンも然り。プ

※8　ヨーロッパの伝統的ワイン生産国。フランス・イタリア・ドイツなど。

※9　フランスの場合、エチケットにAOCと表示されていれば、一定の基準のもとに造られたワインであるという品質証明を表す。AとCの間にある「O」の部分に「産地名」が入るので、産地名＝ワイン名となる。

※10　ヨーロッパ各地の出身者たちは自分たちが本国で呼び親しんできた「バーガンディ」、「シャブリ」、「モーゼル」といった名称をワインにつけた。

ロプライアタリーとは〝所有者の〟とか〝専売の〟の意味で、ラベルにワイナリー独自のブランド名や生産者名などが記載してある。映画監督のコッポラが造る「ルビコン」やボルドーの名門ムエックス家[※11]が投資している「ドミナス」などもこのカテゴリーに含まれる。

カリフォルニアワインの歴史は18世紀後半、教会から始まった

『ブフッド アンド ワイン』というタイトルは、キリストの〝ワインは我が血〟そのものだ。アメリカ西海岸ではこの言葉通り、ワインは教会を中心に広まっていった。

カリフォルニアワインの基礎を築いたのは、スペインから来た宣教師ジュニペロ・セラ神父である。フランシスコ派の僧であった彼は18世紀後半、ミサ用のワイン造りを始める。ブドウの名前は〝伝道〟と同じ意味の「ミッション種」。当時、このブドウから造られるワインは酸味が弱く、良質とは言えない味わいだったが、栽培しやすかったこともあり、宣教師たちは南カリフォルニアの伝道所にミッションを

※11　シャトー・ペトリュスのオーナー、クリスチャン・ムエックスが所有。

ドミナス2004
Dominus 2004
1995年からポムロールのクリスチャン・ムエックスの単独所有となる。上質のボルドーワインを彷彿とさせる味わい。問：エノテカ　1万9950円　※写真は2002年のもの

移植しながらワイン造りをしていった。

1848年、カリフォルニアの北の地で金鉱が発見されたことによって、ゴールドラッシュが到来。これがきっかけで、カリフォルニア北部の人口が大きく膨らんだ。ヨーロッパ各国からやってきた移民たちによるブドウ栽培も盛んに行われるようになる。ハンガリーからの移民アゴスティン・ハラスティーもそのひとりだった。彼はソノマ・ヴァレーにワイナリーを開き、本格的なブドウ栽培を始める。彼が輸入したヨーロッパからの300種類10万本以上のブドウの苗木は、カリフォルニア各地に植えられていく。カリフォルニアを〝ワインの州〟として最初に注目させたハラスティーの功績は大きい。

カリフォルニアを代表するブドウ品種「ジンファンデル」は、一説によれば、彼がヨーロッパから取り寄せたブドウの苗木の中にあったと言われている。カリフォルニア固有品種として長い間愛されてきた、ジンファンデル。DNA鑑定では、イタリアのプーリア州の「プリミティーヴォ」[※12]と同一品種であり、そのルーツはクロアチアの土着品種であることが報告されている。人間だけでなく、ブドウもDNA

※12 南イタリアの品種。スパイシーで、アルコール分の高いワインを造る。

の検査で出生が明らかになる時代になっているのだ。
世界のブドウ品種に詳しい[※13]ジャンシス・ロビンソン女史はジンファンデルについて、「収穫量が最も重視されていた1880年代にはジンファンデルはその個性を発揮し、カリフォルニアのワイン産業で確たる地位を築いた。当時の鉱山夫やゴールド・ラッシュで富を得た人たちのデイリーワインになっていた」と記[※14]している。もっぱらガブガブ飲まれる日常用の赤ワインだったのであろう。

ジンファンデルは醸造次第で姿を変える面白い品種だ。1980年代の半ばから後半にかけては白ワインブームに乗って「ホワイト・ジンファンデル」になった。もともと黒ブドウなのだから、赤ワインになって当然の運命なのだが、この時はジンファンデルを絞ってジュースにし、発酵させてホワイト・ジンファンデルに変身。〝黒ブドウが原料の白ワイン仕立て〟である。赤ワイン、白ワイン、ロゼワインに次ぐ「第4のワイン」と称され、その色合いからブラッシュ・ワインとも呼ばれた。ブラッシュとは〝頬ほんのりピンク色〟の感じである。近年、ジンファンデル本来の個性を生かした赤ワイン、つまり〝深い色合いと凝縮感のある愛敬たっぷりのワイン〟として高い評価を得ている。特に樹齢の古いブドウ樹から造られたジンファ

※13 世界で最も権威あるワインの資格「マスター・オブ・ワイン（MW）」を有し、多くのワイン愛好者から支持を得ているイギリスのワインジャーナリスト。

※14 ワイン用葡萄ガイド（ウォンズパブリッシングリミテッド刊）

ベリンジャー・カリフォルニア・ホワイト・ジンファンデル2005
Beringer California White Zinfandel 2005
黒ブドウのジンファンデルを白ワイン仕立てにして造ったワイン。ねっとりとした甘みとソフトな酸味のハーモニーが印象的。問：サッポロビール 1155円

ンデルはとても魅力的だ。

ワインインスティテュート[※15]主催の「ジンファンデルテイスティング」が行われた時のこと。日本に輸入されている約70種類のワインが揃っていたので、おすすめワインを捜そうと出かけた。全種類をテイスティングしたが、レイヴェンスウッドの「ヴィントナーズ・ブレンド1997」、リッジの「カイザーヴィル1997」、ガロの「キオッティ・ヴィンヤード1997」などはジンファンデル探求の良い教材になると思った。

『カリファルニアワイン as ナンバーワン』の著者である飯山ユリさんと一緒に参加したのだが、彼女のおすすめはケンダル・ジャクソンの「ヴィントナーズ・リザーヴ1996」であった。全体的にバランスがとれているので、ジンファンデルを初めて飲む人にも楽しんでもらえるはずだと評価していた。

ソノマの地に惹かれ、家まで購入してしまった彼女。ソノマワインを〝隠れた美女〟と形容する飯山さんが、ジンファンデルの〝隠れた銘醸造家〟と絶賛していたのは「Wellington」。このワイナリーの「100year Old Vines」は超おすすめだそうで、「名前ではなく中味で飲んでほしいワイン」だという。ヴァカンスでソノマを訪れ

※15 カリフォルニア州のワイナリーの集合体で、アメリカ農務省の外郭団体としてカリフォルニアワインの普及啓蒙活動を行っている。

✣ **レイヴェンスウッド・ヴィントナーズ・ブレンド・ジンファンデル2005**

Ravenswood Vintners Blend Zinfandel 2005

ジンファンデル3R（レイヴェンスウッド、リッジ、ローゼンブルム）のひとつ。アルコールの広がりと、バランスのとれた味わいが魅力。問：コンステレーション・ワインズ・ジャパン オープン（参考価格1880円）

※16 サンフランシスコ湾沿岸から南の太平洋に沿ったサンタ・バーバラまでの地域。ワインの品質も変化に富む。

る予定のある人にはハズせない穴場のワイナリーになることだろう。

カリフォルニアのブドウ園の開拓は、ソノマ郡から新たな産地ナパ・ヴァレーへと広がっていった。カリフォルニアのワイン産地は現在、5つに大別されている。「ノース・コースト」、[※16]「セントラル・コースト」、[※17]「シエラ・ネヴァダ山脈」、[※18]「セントラル・ヴァレー」、[※19]「サウス・コースト」の5地域だが、なかでもナパやソノマがあるサンフランシスコ北部「ノース・コースト」はカリフォルニアで最も主要な高級ワイン産地になっている。

近年、ナパ、ソノマを凌ぐほどの注目のエリアになっているのが、「セントラル・コースト」にあるサンタ・バーバラ・カウンティだ。これは『サイドウェイ』が火付け役。カリフォルニア州サンディエゴに住む中年の国語教師マイルス（ポール・ジアマッティ）と、彼の大学時代の悪友で落ち目の俳優ジャック（トーマス・ヘイデン・チャーチ）が主人公の映画だ。彼らが1週間の予定で過ごすサンタ・バーバラでのワイン・ツアーが軸になっているだけに、実際のワイナリーやレストランなども数多く登場するし、オールド・ワールドやニュー・ワールドのワインたちもたっぷり。映画が2004年度のアカデミー賞脚色賞に輝いたことも、ワイン産地サ

※17　ゴールド・ラッシュの中心地ネヴァダ周辺地域。年間の気温はやや高め。

※18　内陸部の南北に広がるカリフォルニア最大のワイン産地。

※19　サンディエゴ、ロサンゼルス周辺の栽培地域。ワイン生産の歴史は古い。

サイドウェイ
2004年・米／アレクサンダー・ペイン監督／ポール・ジアマッティ、トーマス・ヘイデン・チャーチ、ヴァージニア・マドセン　問：20世紀フォックス ホームエンタテイメント　3990円

ンタ・バーバラ人気に拍車をかけた。
アレクサンダー・ペイン監督は「映画の中では、自分の好きなワインや、好きなワインメーカーのワインを登場させた。必ずしも、最高のワインを選んだわけではない。ただ、おいしいと思ったものを選んだ」と語っていたが、監督のお眼鏡にかなったワイン、特にピノ・ノワールは、出せばすぐ売れる人気者になっている。事実、2006年に同地を訪問した折、ワイナリーの生産者は口々に「映画の影響でリリースするとすぐに売り切れてしまい、生産が追いつかない状況なんだ」と語っていた。

今世紀に入って禁酒法[※20]が施行され、アメリカ中のアルコールは追放された。ところが、この時代こっそり自家製ワインを造っていた者もあり、ブドウの売り上げ自体は伸びていたようだ。もぐり酒場や密造酒で稼ぐギャングの話はアメリカ映画のお得意である。私のお気に入り映画『ワンス・アポン・ア・タイム・イン・アメリカ』でもユダヤ系ギャングの仲間たちがもぐり酒場を経営して大儲けするシーンがある。この酒場で毎夜、賑やかに飲んだり、踊ったりの世界が展開されるのだが、

✣ **ヒッチング・ポスト・ハイライナー・ピノ・ノワール2005**

| Hitching Post Highliner Pinot Noir 2005

実在するレストラン「ヒッチング・ポスト」。映画ではウエイトレス役のマヤと主人公マイルスのお気入りのピノとして登場。問：ワイン・イン・スタイル　7350円

※20　1919年に制定され、1933年に廃止された悪法。

※21　シャンパンの首の部分をサーベルで切り割る儀式。昔はシャンパンのコルクを固定していた紐を切るためにサーベルを使っていた。

禁酒法施行時の「シャンパン・サーベル」[※21]は象徴的だった。ちなみにサーベルで勢いよくカットされたシャンパンはマム社の「コルドン・ルージュ・ブリュット」である。

カリフォルニア大学では禁酒法時代下もブドウ栽培とワイン醸造の研究を続けていた。デイヴィス校では、それぞれの気候に適したブドウ品種の栽培や醸造の指導にあたるのだが、長年の研究成果は禁酒法廃止以降、荒れ果てていたブドウ園を救うことになる。混沌としていたワイン業界は次第に元気を取り戻していく。そしてワイン生産者たちは全土でブラインド・テイスティング・キャンペーンを展開しながら自国のワインについて自信を深めていくのである。やがてカリフォルニアワインは世界のワイン造りに多大な影響を及ぼすようになる。

ワンス・アポン・ア・タイム・イン・アメリカ
1984年・米／セルジオ・レオーネ監督／ロバート・デ・ニーロ、ジェームズ・ウッズ　問：ワーナー・ホーム・ビデオ　1500円（2枚組）

シャロン・ストーンを欺いた
ブラインド映画『硝子の塔』

1993年製作のアメリカ映画に、マンションのオーナーが素性を隠したままだったり、その彼の好きなワインも〝ブラインドのまま〟だったりと、隠すことを楽しむかのような映画があった。シャロン・ストーン主演の『硝子《ガラス》の塔』である。映画では、ワインボトルを〝ブラインド〟状態にして登場させ、知名度抜群のシャンパンに張り合わせる、という大胆不敵な演出をしていた。

ガラス張りの高層マンションの全ての部屋には隠しカメラが仕掛けられ、オーナーがモニターで監視をしている。部屋探しをしていた美人編集者カーリーは20階からの素晴しい展望に魅せられ、即入居を申し込む。引っ越し当日、彼女の荷物運びを手伝ってくれたのは13階に住むジーク（ウィリアム・ボールドウィン）だった。同じマンションにはジャック（トム・ベレンジャー）という作家も住んでいたが、カーリーには彼の慣れ慣れしさが不愉快だった。

カーリーの新居披露のパーティの日、突然訪問してきたジャックに彼女は迷惑顔

硝子の塔
1993年・米／フィリップ・ノイス監督／シャロン・ストーン　問：パラマウントジャパン　1500円

で言う。

「招待していないわよ」

「僕は鼻がきくたちでね。それにドン・ペリニヨン」

シャンパンは魅力的だった。高価なキュヴェ・ドン・ペリニヨンの、それもロゼだったのだから。次に現われたのはジークで、彼は紙袋に入ったワインを手土産に開いたままのドアの横に立っている。

「これもドン・ペリニヨン？」

「いいや、カリフォルニアの赤です」

映画の舞台はニューヨークのマンハッタンだ。東海岸の人たちにとってワインと言えば、断然ヨーロッパが主流。だから西海岸のカリフォルニアワインなどは安ワインのイメージしかなかったのだろう。この場ではジークは身元を隠していた。リッチなマンションのオーナーである彼は、最初からカーリーをモノにしようという企みを抱いていた。モニターで彼女の私生活を監視していることや、マンションを持っていることがバレてはまずい。彼はごく普通の人間であることを装い、手土産も〝手頃〟なカリフォルニアワインを選んだ。最低な男が選んだ最高の選択。パーティにカリフォルニアワインを持参したのは結果的には成功だった。なぜなら、カリフォルニアワインこそ知る人ぞ知る存在のワインなのだから……。

　ワインの本場フランスを目標に頑張ってきたカリフォルニアワインが、世界の檜舞台で脚光を浴びたのも、実はブラインドがキッカケだった。

　1976年5月21日、カリフォルニアワインの凄さを証明した歴史的事件があった。フランスで行われた「フランス対カリフォルニアのワイン対決」がソレで、イギリス人のスティーヴン・スパリュア[※22]がアメリカ建国二百年を記念して企画したブラインド・テイスティングだ。[※23]フランス産とカリフォルニア産の「カベルネ・ソーヴィニヨン主体の赤ワイン」と「シャルドネ」を、ブラインドで試飲し、評価・採点するというもので、審査員はフランスのワイン専門家たち9名。メンバーの中には、あのロマネ・コンティのオーナー、ヴィレーヌも入っていた。この時の1位は「スタッグス・リープ・ワイン・セラーズ・カベルネ・ソーヴィニヨン1973」と「シャトー・モンテリーナ・シャルドネ1973」だった。赤ワイン、白ワインともにカリフォルニアワイン。それも無名に近いワインだったのだ。この驚くべき結果は世界にセンセーションを巻き起こした。以後、カリフォルニアワインは〝リ

※22　当時はパリ「アカデミー・デュ・ヴァン」の主宰。現在、イギリスでワインコンサルタントとして活躍。

※23　赤ワインは「シャトー・ムートン・ロートシルト1970」「シャトー・オー・ブリオン1970」などのボルドーの格付けワイン。白ワインは「ムルソー・シャルム1973」「バタール・モンラッシェ1973」といった銘醸ワイン。

✣ **スタッグス・リープ・ワイン・セラーズ SLV 2004**
Stags Leap Wine Cellars SLV 2004
「スタッグス・リープ」は〝牡鹿の跳躍〟を意味する。若いヴィンテージでも十分に楽しめる赤ワイン。問：布袋ワインズ　オープン価格

ーズナブルでありながら高品質″との評価を受けるようになっていく。

当時、私の周りでもカリフォルニアワインにまつわる面白い出来事があった。赤坂のワインスクールで開催した「カベルネ・ソーヴィニヨンを主体とする赤ワイン」の試飲会で、ソムリエをはじめとするワイン愛好者50名が、800円〜7000円という価格帯の世界各国の21本をブラインド・テイスティングしたのだが、この時、第1位に選ばれたのはカリフォルニアの「ベリンジャー・ナイツ・ヴァレー・カベルネ・ソーヴィニヨン1994」だった。私もこのワインに票を入れたひとりだが、3000円台という価格は、味わい以上に説得力があったように思う。

　ベリンジャーは1876年創業の伝統あるワイナリーで、ドイツ系移民のジェイコブとフレデリック兄弟によって興された。このワイナリーは禁酒法時代の間もワインを造っていたことで知られている。ユダヤ教の儀式ではミサ用のワインが欠かせないため、連邦政府の管理のもと公認されていたようだ。

　カリフォルニアでは1960年代後半から、ヨーロッパ系の高級ブドウ品種への転換が進められていた。この頃から増え始めた小規模ワイナリーではカベルネ・ソーヴィニヨンやシャルドネを使ったワイン造りをしていた。小規模で品質へのこだ

シャトー・モンテリーナ・シャルドネ ナパ・ヴァレー 2006
Château Montelena Chardonnay Napa Valley 2006
フルーティさと適度な樽風味を併せ持つシャルドネ。問：布袋ワインズ　オープン価格

ベリンジャー ナイツ・ヴァレー・カベルネ・ソーヴィニヨン 2002
Beringer Knights Valley Cabernet Sauvignon 2002
ナイツ・ヴァレーの自社畑のぶどうから造られる、凝縮感のあるワイン。問：サッポロビール　5040円

わりを見せる手工業的なワイナリーは「ブティック・ワイナリー」と呼ばれている。ブティック・ワイナリーのオーナーの中にはインテリが多い。彼らの元の業種は、株のディーラーや弁護士、外科医、学者たちなど、さまざまである。

ちなみに、1976年のパリ対決で赤ワイン部門の1位に輝いたスタッグス・リープ・ワイン・セラーズのオーナーは、元大学教授だった。彼は職を捨て、家族ともにカリフォルニアに移り住んだ。あのロバート・モンダヴィのワイナリーで経験を積み、後に自分のブドウ畑を手に入れる。カベルネを植え、その2年目に収穫したブドウから造った赤ワインが歴史的な快挙を成し遂げた。凄い！

ニュー・ワールドの中には、ワインへの趣味が高じてこの世界に入り、活躍している人が少なくない。ワイン造りの素人である彼らに、ワイン造りの指導をするのは「ワインメーカー」と呼ばれる存在だ。日本でワインメーカーと言えばサントリーやメルシャンなどの企業を想像してしまうが、この地においては「ワイン醸造責任者」のことを指す。腕の良いワインメーカーを雇うことが、高品質のワイン造りを可能にしてしまうのだ。

『ディスクロージャー』で女上司が利用したパルメイヤー

映画『ディスクロージャー』に登場し、一躍有名になったのは「パルメイヤー」。このワインの生みの親であるジェイソン・パルメイヤーの経歴も面白い。ワイン愛好家で弁護士だった彼は、ボルドーの[※24]シャトー・ランシュ・バージュに行き、「オーパス・ワンのようなワインを造ってみたい」と申し出た過去を持つ人物だ。もちろん、にべもなく断られたらしいが、オーパス・ワンを理想としたパルメイヤーは、1985年に自らワイナリーを設立し、[※25]ヘレン・ターリー女史をワインメーカーに迎え、素晴しいワイン造りに成功する。パルメイヤーが理想としたワインがどのようなものなのか、映画『ディスクロージャー』を観れば一目瞭然だ。

人気のない夜のオフィス。デミ・ムーア演じるメレディスは部下のトム（マイケル・ダグラス）を呼び出し、セクシーなミニスカート姿で挑発しながら、色気で迫る。彼女は新任の上司なのだが、トムを誘惑するための小道具として「パルメイヤー・シャルドネ1991」を用意していた。

ディスクロージャー
1994年・米／バリー・レビンソン監督／マイケル・ダグラス、デミ・ムーア、ドナルド・リザーランド　問：ワーナー・ホーム・ビデオ　2100円

※24　ボルドーにある第5級のシャトー。近年、ワインの質が数段向上し、高評価を得ている。

※25　女性ワインメーカーの草分け的存在である。

「'91年のパルメイヤーか。豪勢だな」
「部下の男を喜ばせたくってね」
その昔、ふたりは恋人同士だった。かつてカリフォルニアのナパ・ヴァレーを一緒に旅したことがあり、その時、トムが惚れ込んだワインが、このパルメイヤーだった。かつて自分を愛してくれた男との再会である。思い出のワインを用意すれば、なおさら愛してくれるはず……自己中心的女の考えそうなことだ。

パルメイヤー・シャルドネが市場に出たのは1991年。これがアメリカのワイン専門誌[※26]『ワイン・スペクテイター』で高得点を獲得し、評判となった。ブドウ品種はシャルドネ100％。このワインは通常のワイン製法の過程で行う清澄《せいちょう》[※27]とろ過をしないので色調はクリアではない。ただし、味わいは濃厚。フレンチ・オークの樽風味と複雑さが特徴だ。

メレディスの執拗な誘惑を振り切り、自宅に戻ったトム。だが翌日、事件が待っていた。トムがセクハラで訴えられていたのだ。訴えたのはもちろんメレディスである。家庭崩壊を感じたトムは、彼女と裁判で争う覚悟を決める。調停の場面で「パ

✣ パルメイヤー・シャルドネ ナパ・ヴァレー 2005
Pahlmeyer Chardonnay Napa Valley 2005
ブドウの旨みを感じる味わい。白レバーペーストや、まぐろのカルパッチョなど脂分のある料理と合わせて。問：中川ワイン販売　1万3125円

※26　情報量が豊富なワイン専門誌。ワインを100点満点で評価・発表している。

※27　清澄は卵白とベントナイトなどを使ってワインの濁りを取ること。ろ過はフィルターがけのこと。清澄とろ過をしないと旨みが十分に出て濃い味わいのワインになるが、タンパク質の白い濁りが出やすいという欠点もある。

ルメイヤー・シャルドネ1991」が重要な存在になる。彼女の誘惑の計画性を実証する証拠として、このワインが活躍するのだ。メレディスは敏腕弁護士に「そのワインは自分が指定したものではなく、秘書が買ってきたもの」と主張していた。

「ワインの購入先は？」

「その辺の酒屋かと思いますが」

「近所の酒屋でこんな極上品を売っていると？」

「どこで買ったかは知りません」

「あなたが3週間前に買えと命じたのですよ……。夜の打ち合わせのために、'91年のパルメイヤーを」

このワインが稀少ワインであることはメレディスにも解っていた。彼女は「見つけないとクビにする」と秘書を脅し、ワインを準備させていたのだ。そんなメレディスの魂胆が弁護士によって暴露されていく。

ブティック・ワイナリーが造るワインは少量だ。パルメイヤー・シャルドネ1996の生産量は400ケース足らず。リリース当時、日本への割り当てはわずか9

ケースのみだった。1ケースは12本入りなので、計108本！　いかに少なかったことか。

さて、話題のワインの味わいだが、入荷したてのパルメイヤー1996をテイスティングした東京グリンツィングのオーナー熱田貴氏は、「最初にフレッシュさがある。その後に続く香りにはカリンや完熟した洋梨、さらには蜂蜜香やスパイシーさ。口に含むと白ワインでありながら、タンニン分をも感じさせてくれる魅力的なワイン」とコメントしていた。

洋酒メーカーで仕事をしていた1989年頃、忘れられないクレーム事件があった。自動車メーカーの社員バーからのもので、内容は「ワインに大量の濁りとオリが出ている。すべて返品したい」というものであった。ワインはモンダヴィの「ピノ・ノワール・リザーブ」。ピノ・ノワール種でも特に吟味して造られた最高級赤ワインだ。モンダヴィでは繊細な黒ブドウ、ピノ・ノワールの味わいを損なわないようにワインのフィルターがけは最低限にとどめていた。ワインに多少理解のある人なら、このようなタイプのワインを飲む時は、事前にワインを立てておくとか、パニエに入れて静かに扱うといったルールがわかっているはずなのだが、'89年頃はワインの扱いに関して未熟な部分も多かった。結局、1ケースすべて返品となった。しかし、そのワインの香りは豊かで、喉に滑らかにすべり込む上品な味わいの感触は極上の赤ワインそのものであった。フィルターがけを極力しない、あるいはフィルターがけを全くしないというのは、〝ワインの旨み成分を生かす〟ためである。特にピノ・ノワールの場合、フィルターをかけ過ぎると、香りや味わいを損なってしまう恐れがある。ワインから重厚さが失せ、痩せこけた貧弱なものになってしまうのだ。今なら、ノン・フィルターのワインと聞けば、「旨みがあって最高」という反応が返ってくることだろう。時代の変化なのか、ワインの知識が浸透したということなのか。

パルメイヤー・シャルドネのように、清澄やろ過をしないワインというのは単にその作業を省略することではない。ワインの原料となるブドウ一粒一粒が健全で、しかも高い糖分と酸のバランスがとれていて初めてできることなのだ。そのために生産者はブドウの樹の休眠中から神経を使っている。機械収穫や大量生産の中味の薄いブドウを仕込んで清澄やろ過を省いたら、微生物によるトラブルが起きても不思議ではない。これはベースとなる〝ブドウ〟が根本的に違うからできることなのである。

大きく躍進してきたカリフォルニアではカベルネ・ソーヴィニヨンとシャルドネが大成功を収めた。わがまま[※28]ブドウのピノ・ノワールからブルゴーニュ地方にひけをとらない赤ワインが登場している。

近年、カリフォルニアでは「土壌」の研究に力を入れている。粘土質、石灰質、沖積土など、ブドウの個性を引き出す要素となる土壌調査である。南カリフォルニアにあるカレラ・ワイン・カンパニーのピノ・ノワールにハマっているオーナーが、ピノに合う石灰質土醸を探すため、NASAの衛星地図を利用したとも伝えられている。事の真偽は別として、これなどは極めてアメリカ的な話だ。

土壌の研究はフランスの、特にブルゴーニュ地方で言われる〝テロワール〟と同じである。ブルゴーニュの銘醸造家たちはカリフォルニアをはじめとするニュー・ワールドのワインに〝テロワール〟がない、と言い切る。何となく、水戸黄門の〝印籠〟のノリみたいな感じなのだが、ブルゴーニュ地方のワイン造りは単醸[※29]なので、テロワールにこだわるのだ。

＊28 害虫がつきやすく、新しい土地になじみにくい。

※29 ブドウ品種を一種類だけ使ってワインを醸造すること。

バンデラスのセクシーさを引き立てた「ラ・ターシュ1961」、対抗馬は「カレラのピノ」

1996年製作の映画『ストレンジャー』に、ブルゴーニュとカリフォルニアのピノ・ノワールについて語るシーンがある。主人公おすすめのワインはDRCの「ラ・ターシュ1961」、ここで対抗馬的に語られているのが、カリフォルニアの「カレラ」である。

美人精神科医サラ（レベッカ・デモーネイ）はワイン売り場で、トニー（アントニオ・バンデラス）と名乗る男と出会う。トムがサラに話しかける。

「アメリカ産のカベルネは最低」

「ピノ・ノワールも？」

「それはアメリカのものが一番」

「カレラは？」

「ラ・ターシュは？　ふたりで飲む？」

翌日、トニーの妖しさに惹かれたサラは、彼の挑発に乗って部屋を訪ねる。ドア

❖ **ラ・ターシュ1989 ドメーヌ・ド・ラ・ロマネ・コンティ**

La Tâche 1989
Domaine de la Romanée Conti

DRC社のモノポール。時にはロマネ・コンティを凌ぐこともあるといわれる逸品。問：ファインズ　オープン価格

❖ **カレラ・ワイン・カンパニー ピノ・ノワール・ジェンセン 2005**

Calera Wine Company
Pinot Noir Jensen 2005

「石灰焼き窯」を意味するカレラ。カリフォルニアのピノの先駆者が造るワイン。問：ヴィノラム　1万3650円

を開けた瞬間、彼女が目にしたのは……無造作に持った2脚のワイングラスに「ラ・ターシュ1961」を注いでいるトニーの姿であった。サラにグラスを手渡す仕草がゾクッ！　とするくらいセクシーで、同時にバルーン型グラスから豊潤な香りが伝わってくるような魅力的なシーンである。

　ふたりの会話に出てくる「カベルネ」と「ピノ・ノワール」は、それぞれ「ボルドー地方」と「ブルゴーニュ地方」を代表する黒ブドウ品種だ。「ラ・ターシュ」はブルゴーニュ地方ヴォーヌ・ロマネ村の銘醸ワインで、「ロマネ・コンティ」の〝腕白な弟〟と表現されている。ともにドメーヌ・ド・ロマネ・コンティ社（DRC）の単独所有であり、加えて、1961年は最高のヴィンテージと言われている。ワイン好きなら一度は飲んでみたい逸品だ。

　一方、サンフランシスコから車で2時間ほど南下したマウント・ハーランに位置するカレラのピノも人気のアイテム、数量割当がある稀少ワイン。オーナーのジョシュ・ジェンセンはその昔、DRCに憧れ、当地でワイン醸造を学んだこともあるとか。つまり「ラ・ターシュ」も「カレラ」も、ピノ・ノワールから造られる高級赤ワインなのである。

ストレンジャー
1996年・米／ピーター・ホール監督／レベッカ・デモーネイ、アントニオ・バンデラス　問：ソニー・ピクチャーズ エンタテインメント 1480円

ただ、トニーの〝カベルネ〟発言について、ひとこと添えておきたい。1976年のパリ・テイスティングで、カリフォルニアワインがボルドー産に圧勝した後、2006年の5月に、パリ対決を記念して30年目のブラインド・テイスティングが行われた。そして、ここでも錚々たるボルドーの赤ワインを押さえ、カリフォルニアのカベルネが1位から5位までを独占していた。カリフォルニアのカベルネが最高水準というだけでなく、長い熟成にも耐えられるワインであることが証明された画期的出来事とだった。[※30]

シャンパンとスパークリング・ワインの使い分けは『フィラデルフィア』をご参考に

さて、カリフォルニア産の〝泡入りワイン〟を見つけた。何と呼べばいいか？　シャンパン？　シャンパンはシャンパーニュ地方で造られる発泡酒だから違う。カバ？[※31]　それはスペイン。アメリカ物は「スパークリングワイン」が正解だ。シャンパンとだけは呼ばないでほしい。

シャンパンとカリフォルニア産スパークリングを見事に使い分けた映画があった。

※30　ナパとロンドンで開催され、「リッジ・モンテベッロ1971」、「スタッグス・リープ・ワイン・セラーズ1973」、「マヤカマス・ヴィンヤーズ1971」、「ハイツ・マーサズ・ヴィンヤード1970」、「クロ・デュ・ヴァル1972」の順で、1位から5位まで全てカリフォルニア産。

※31　瓶内二次発酵で造られるスペインの発泡酒。

『フィラデルフィア』である。

弁護士ミラー（デンゼル・ワシントン）の妻が無事に女の子を出産する。幸せ気分の彼は病室からお祝いのシャンパンを電話で依頼する。

「シャンパンも注文してくれ。最高のものを……。いくらだって？」

電話の向こうから金額を言う声が聞こえる。それを聞いた彼は、

「それじゃ、カリフォルニア産でいい」と。

その後の場面だ。カメラはミラーの妻の病室をなめ回すような感じでとらえていく。ベッドサイドのボックスの上にはワインクーラーがあって、そこからスパークリングワインのネックが見えている。あの時、電話で頼んだスパークリングだ。さらにカメラは移動していく。妻のベッドに入り込んで幸せそうな顔で眠っているミラーを映す。妻とのお祝いも済んで安心して寝入っているのだ。満ち足りた幸せがじわ〜っと伝わってくるシーンだ。

今度は映画のラスト。エイズで苦しむ主人公アンディ（トム・ハンクス）の容態が悪化し、病室には家族たちが集まっている。お見舞いにきたミラーは手に「ドン・ペリニヨン」を持っている。アンディの命は時間の問題だ。彼は「冷やしておくよ」

フィラデルフィア
1993年・米／ジョナサン・デミ監督／トム・ハンクス、デンゼル・ワシントン　問：ソニー・ピクチャーズ エンタテインメント　1980円

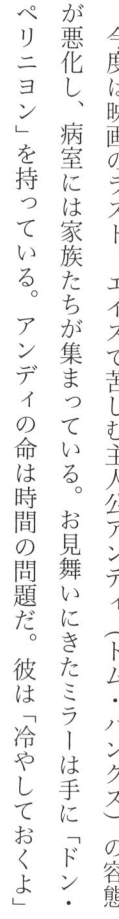

と言い残して、病室を去る。酸素吸入器をつけたままのアンディは彼を目で追っている。家族の面々もひとりずつ、自宅に戻っていく。静かなシーンだ。そして、アンディの死。

一方の病室では、〝生〟という解放感があふれ、一方は〝死〟という暗闇の世界を目前にしている。双方にかかわったミラーは、彼の人間性を十分に発揮したワイン選びをしていた。素晴らしかった。自身のお祝いにはリーズナブルなカリフォルニア産のスパークリングを、そして死を迎えようとしている最愛の友には最高級のシャンパンを……。ミラーのようなワインの選択ができれば、何も言うことがない。

カリフォルニアには、シャンパンの本家フランスから多くのシャンパン・ハウスがやってきて、ワイナリーを開設している。「ドン・ペリニヨン」のモエ・エ・シャンドン社はドメーヌ・シャンドンを、「クリスタル」のルイ・ロデレール社はロデレール・エステイトを、「コルドン・ルージュ」のG・H・マム社はマム・ナパ・ヴァレーを、「コント・ド・シャンパーニュ」のテタンジェ社はドメーヌ・カーネロス……といった具合である。使われる品種もシャルドネやピノ・ノワールの他、シュナン・ブランやピノ・ブランなどもある。シャンパンと同じ製法で造られることが多く、これらは「瓶内二次発酵」と呼ばれている。

シャンパンには高級感がある。お見舞いに行く時に持参する「木箱入りのマスクメロン」のような感じだ。これが、カリフォルニア産になると、ぐっとくだけて、すごく気楽に飲める気がする。〝イメージ〟の世界か。フランス直伝の技術と製法、加えてシャンパンと同じ品種を使うので、シャンパンに負けないだけの味わいも出る。近代的設備の機械作業も合理的だ。気候から言っても、カリフォルニアはブドウの萌芽[※32]から収穫までの間、雨で悩まされることはほとんどない。十分に満足できるブドウの収穫が望めるのだ。そして肝心の価格はというとリーズナブル。文句のつけようがない。値頃感があって、華やかな〝泡もの〟を求めている人は多いはず。ミラーも、そんなひとりだったのであろう。

アメリカ、オーストラリア、ニュージーランド、チリ、アルゼンチンなど、ニュー・ワールドと呼ばれる国々のワインはわかりやすい。ラベルにブドウ品種が表示してあるからだ。ワインのラベルにブドウ品種が書いてあると、まずワイン選びが

※32　地中海性気候なので冬に雨が降るが、芽が出る4月頃から収穫の9月、10月頃までは雨がなく、乾燥している。

楽になる。選ぶのが楽になればワインに親しむ機会も増えてくる。おのずと好みのブドウ品種もわかってくる、という好循環につながる。179ページにも書いたが、代表的な6種類を覚えておけば安心できる。

現在、ワインスクールの生徒たちとワインを楽しんでいる。ワインを飲む時、1種類だけだと比較する対象がないので、おいしいとか、まずいで終わってしまうが、数種類のワインを並べてテイスティングしてみると、微妙な色合いの変化や、香りの違いなどを見つけ出すことができる。友達がひとりしかいないより、大勢いるほうが性格の違いを理解しやすいのと同じだ。ワインも人間も似ている。ワインのプロたちはテイスティングを通して、熟成具合や収穫年、どのような土壌から造られたブドウなのか、などを探ろうとする。でも、ワイン好きの生徒たちはブドウ品種の違いがボンヤリ見えてくるだけで嬉しいものなのだ。すべてブラインドテイスティングで授業を行うが、ワインに慣れていない初心者のほうが実に素直で、ポイントを突いてくる。

以下は代表的なブドウ6品種の特徴的な香りのヒントなので、カリフォルニアのヴァラエタルワインで好みのブドウ品種を見つける参考になれば、と思う。

［黒ブドウ品種］
カベルネ・ソーヴィニヨン……カシス、杉、ユーカリ、ミント
メルロ……プラム、バラ、
ピノ・ノワール……ラズベリー、ストロベリー、スミレ、皮革
［白ブドウ品種］
シャルドネ……りんご、洋梨、メロン、蜂蜜
ソーヴィニヨン・ブラン……青草、アスパラガス
リースリング……りんご、オレンジ、ライム、重油

カリフォルニアでカベルネ・ソーヴィニヨンを凌ぐ人気のブドウ品種は「メルロ」だ。渋み成分のタンニンがソフトで、発音しやすい〝メルロ〟という名前が好まれている。

かつては高級で、難しそうな存在にしか見えなかったワインを身近で親しみやすくしてくれたのは、カリフォルニアだ。自分好みのブドウ探しを始めるには、まずカリフォルニアワインから、である。

第 7 章

New World

ニュー・ワールド

ワイン界のニュー・ワールドとは？

1998年の春、女性誌で連載中のエッセイで、映画『エビータ』を取り上げた。アルゼンチンワインに興味があったからだ。その美貌を生かし、下層階級からファーストレディにまでのし上がったエビータと、潜在能力を生かし破竹の勢いで伸び続けるアルゼンチンワイン。そのふたつの成功の秘訣に触れてみたかった。その時掲載したワインはアルゼンチンの名門トラピチェ社の「カベルネ・ソーヴィニヨン・オークカスク」と「シャルドネ・オークカスク」。ところが読者からこんな投書が届いた。「トラピチェなんか知らない！」と。

ワイン専門店には多くのニュー・ワールドワインが並び、今やアルゼンチンワインも人気商品になっている。アンケートを送ってきた彼女は……いまだにトラピチェの存在を知らずにいるのだろうか。

さて、ニュー・ワールドという呼び名だが、南米のチリやアルゼンチン、東ヨーロッパのハンガリーやブルガリアなどのようにワイン造りの歴史がありながらワイン生産国としての知名度が低かった国、またカリフォルニア、オーストラリア、ニ

✣ **トラピチェ・シャルドネ・オーク・カスク2006**
Trapiche Chardonnay Oak Cask 2006
オークの新樽で熟成させたシャルドネ100％のワイン。果実の豊かさと、ほどよい酸味が楽しめる。問：メルシャン　オープン価格

ユージーランドなどのようにワイン造りの歴史が浅い国も含んでいる。

『エビータ』のようにアルゼンチンワインは内に秘めた能力を、最大限に生かせるか

映画『エビータ』はアルゼンチンで起きたシンデレラ・ストーリー。26歳という若さでファーストレディになった〝エビータ〟ことマリア・エバ・ドゥアルテ・デ・ペロンの話だ。

歴然とした階級差別があるアルゼンチンの片田舎で私生児として生まれ、極貧生活を余儀なくされたエバは、日ごとに金持ちを憎むようになっていく。この憎悪の念は、彼女の底知れないハングリー精神の原動力となる。こんな小さな村で朽ち果てるのは絶対にイヤだ！　どん底状態から這《は》い上がるにはオトコを利用するしかない！　スターを夢見ていた15歳の田舎娘エバ（マドンナ）は荷造りもそこそこに故郷を捨て、ナイトクラブのタンゴ歌手と駆け落ちする。彼に連れられてやって来たのは、憧れの大都市ブエノスアイレスだ。

「ハロー、ブエノスアイレス！　ドレスアップした私を見て」とエバは歌い、さら

エビータ
1996年・米／アラン・パーカー監督／マドンナ、アントニオ・バンデラス、ジョナサン・プライス　問：パラマウント ジャパン　1500円

に続ける。

「あなたの血とワインを私に注いで……そうよ、ここが私のステージ」

この部分、英語では〝wine me up〟となっていて、wineが動詞として使われていた。辞書をチェックしてみたら、〝ワインでもてなす〟とか〝ワインを飲む〟という意味だった。動詞のwineが登場する珍しい例だ。

お金もなく、コネもない彼女にとって大都会は冷たかった。挫折を繰り返しながら、それでもブエノスアイレスのマヨ広場あたりをさまよい続けるエバ。場末のBAR（バル）のカウンターに座る彼女の前には、ちょっぴり小ぶりのタンブラーが置かれ、中には赤ワインが入っていた。シンデレラを夢見るエバは都会の片隅で、こうして日々ワインを飲んでいたのだろう。

アルゼンチンではバルやカンティーナと呼ばれる居酒屋が盛んで、労働者階級の人たちは映画の中のように、小さなタンブラーでワインを楽しんでいる。

そんな時、あるカメラマンがエバに目をつけた。雑誌に載った水着写真は男たちの好奇の的になる。名前も少しずつ売れ始めた。石鹸会社社長、軍人など……目的達成のため、次々とパトロンを変え、コネを作り、自分を高めていくエバ。彼女はついに陸軍の実力者ホアン・ペロン大佐（ジョナサン・プライス）と出会う。サン・ファンの大地震被害者救済の慈善コンサートでのことだ。上流階級の人々が集うパーティ会場に佇《たたず》むエバは、洗練された美しいレディに変身していた。クープ型のグラスを手にシャンパンを飲むエバに昔の面影は全くない。エバは特権階級の象徴であるシャンパンが似合う女になっていたのだ。

野心を抱く者同士は深く惹かれ合った。大佐の心を射止めた彼女は1945年に結婚。翌年、ホアン・ペロンは大統領に就任し、エバはファーストレディとしての地位を得る。ブエノスアイレスに出てきて12年、この大都会はついに彼女のワンマンショーのステージとなったのである。あの歌のように……。

映画『エビータ』に進水式のシーンが登場する。この頃の彼女は貧困生活の惨めさを一掃するかのような贅沢三昧。ブルガリ、ルイ・ヴィトン、クリスチャン・ディオールなどの一流品で自分を飾り立てた。当然のことながら進水式に使われるシャンパンも超一流品だ。準備されていたのは重厚さがウリの「ボランジェ・スペシャル・キュヴェ・ブリュット」である。人間が飲んでおいしいシャンパンを、船も

ボランジェ・スペシャル・キュヴェ・ブリュットNV
Bollinger Special Cuvée Brut NV
力強いタイプのシャンパンとして定評がある。樽熟成させることで、独特の風味と骨格のある味わいを生み出している。問：アルカン　8400円

味わうなんて……。昔から船乗りたちのジンクスとして〃シャンパンやワインをかけた船は悪運を祓《はら》う〃と言われていたという。泡があるシャンパンは華やかなだけにセレモニーには打ってつけだったのであろう。ちなみに20世紀に起きたタイタニック号の大惨事だが、シャンパンでお祓いをしなかったから……という説もある。

アルゼンチンのワイン生産量は[※1]２００４年現在、フランス、イタリア、スペイン、アメリカに次ぐ、世界第５位である。かつては国内だけで消費する安ワインが大半を占めていたが、近年[※2]フランス系高貴品種へのシフトが進み、ワインのスタイルが大きく変わってきた。

この国でのブドウ栽培の歴史は古く、なんと16世紀には行われていた。ワイン醸造家、故麻井宇介氏の著書『比較ワイン文化考』（中公新書刊）には、「新大陸におけるブドウ移植の起点となったのはメキシコで、征服後の１５３０年前後、スペイン本国からブドウの種子が導入され、開拓者や宣教師がそのブドウから穂木や種子をとって各地に入植していった」とある。さらに「このブドウはミッションと呼ばれ、北上してカリフォルニアへ。南下してペルーからチリに入った。ペルーでは１

※1　出典：OIV「国別ワイン生産量」

※2　ボルドー系品種の「カベルネ・ソーヴィニヨン」、「メルロ」、「マルベック」、「ソーヴィニヨン・ブラン」。ブルゴーニュ系の「シャルドネ」など。

550年頃から入植地にブドウが植えられたが、1557年にはチリを経由して、アンデス山脈を越え、アルゼンチンのメンドサに達している」と。当時、新大陸の地に根づいたブドウはカリフォルニアでは「ミッション」、チリでは「パイス」、そしてアルゼンチンでは「クリオジャ」[※3]と呼ばれていた。名前は違っても、すべて同じブドウなのである。

19世紀後半になってフランスから高貴品種が大量に移植され、ヨーロッパの醸造法が伝えられた。国内でのワイン消費量が増すにつれ、収穫量の多いブドウが優先となった。クリオジャの復活だ。以後「フルボディで渋さが妙に残る赤ワイン」と「果実味がなく酸化したような白ワイン」[※4]がアルゼンチンの土着の味として定着していく。

1980年代以降、コーラやビールなどの飲料が好まれ、ワインの国内消費は大幅にダウンしてしまう。ワイン産業はクリオジャなどを使った国内での消費用と、高貴品種を原料にした輸出用へと二極化していく。冒頭のトラピチェ社は後者の典型で、[※5]海外市場を狙った高級ワイン造りに早くから着手していた。輸出用ワインはブドウ品種名を記した「ヴァラエタルワイン」[※6]が多いので選びやすく、当然のこと

※3　粒が大きくて果皮がピンクのブドウ。アルゼンチンではロゼや色の濃い白ワインになる。

※4　木製の大樽で数年間熟成させて造るので、赤ワインも白ワインも酸化した風味になる。チリの日常ワインも同様である。

※5　海外からシャンパン・ハウスのモエ・エ・シャンドンやシャトー・ラフィット・ロートシルト、チリの大手生産者コンチャ・イ・トロなども進出している。

※6　ブドウ品種名をラベルに表記したワイン。ニュー・ワールドワインのカテゴリーのひとつ。

ながらラベルもわかりやすい。

　アルゼンチンで注目しておきたいブドウ品種は「マルベック」[※7]だ。本国のフランスよりアルゼンチンの気候風土と相性が良く、ブドウ樹の仕立て方を工夫したり、最新の醸造技術によって、この国を代表する品種として地位を固めつつある。現在、マルベック100％で造った赤ワインは国際市場から高評価を受けている。一方で、このマルベックはアルゼンチン人好みの日常ワインの原料にもなっていた。『エビータ』で、故郷から逃げ出し憧れのブエノスアイレスにやってきた彼女が、バルのカウンターに座って飲んでいた赤ワイン。アレが何であったか？「マルベックだったかも……」と推理するのは〝ワインと映画〟の師、福西英三氏である。確かに着の身着のままのエバには金品の持ち合わせなどなかったし、安酒しか飲めなかったはずだ。アルゼンチンの量産マルベックだった可能性は大いにある。

　アンデス山脈の東麓に位置するアルゼンチン。最大のワイン産地はメンドサ地区で、生産量全体の7割を占めている。降雨量が少ないため、アンデスからの雪解け水を利用した灌漑《かんがい》は欠かせない。アルゼンチンがブドウ栽培に適しているのは「一

※7　ボルドーでの補助的品種。果皮が黒いブドウ。カベルネやメルロと混醸される。

カテナ・マルベック2002
｜Catena Malbec 2002
アルゼンチンを代表するブドウ品種「マルベック」を使用。やさしく甘い果実香、厚みのある味わいが魅力の赤ワイン。問：ファインズ　オープン価格

日の気温差※8が大きいので完熟ブドウが収穫できる」、「湿気がないので病害が少ない」、「小石混じりの粘土質や砂質の土壌なので水はけが良い」といった理由が挙げられる。

自国でのワイン消費量が多かったアルゼンチンは、国際化に向けての行動が隣国チリより数年遅れてしまった。しかし、ブドウの栽培可能面積や気象条件などから見ると、21世紀、最も期待できるワイン大国であることに違いない。内に秘めた能力を最大限に生かせれば、いつでも抜け出せるチャンスが作れる国アルゼンチン。エビータも然り、愛すべきワインたちも然り……なのだ。

高品質でお買い得
ニュー・ワールドの代表といえば、チリワイン

アンデス山脈の西麓にあるのがチリである。この国のワインは世界中にブームを巻き起こした。

チリが大きく転換したのは1980年代、大手のワイナリーが「国内用ワイン」

※8　朝夕の温度差はブドウに濃厚な果実味と豊富な糖分、タンニンを与える。

と「輸出用ワイン」の造り分けを始めたことがきっかけだ。ワイン離れによって、国内のワイン消費量は大幅に激減。チリは世界に通用するワイン造りを目指して、フランスやカリフォルニア、オーストラリアのワイナリー視察に向かう。また自国の畑や醸造所の改革に着手した。ワインの輸出を考えていた生産者たちは、カリフォルニアの「ヴァラエタルワイン」に照準を定める。その後、国際見本市での「金賞」&「銀賞」受賞で、世界中から注目を集めるようになる。チリワインは〝高品質でお買い得[※9]〟という評価を受け、輸出が大幅に伸びていった。

チリに初めてブドウが植えられたのは16世紀半ば。スペイン人がアメリカ大陸に持ち込んだブドウ「パイス」で、ミサ用のワイン造りが行われた。スペインからの独立後、フランスからワイン醸造家を招き、伝統的なワイン造りが始まる。この時、植えたのはボルドー系品種である。19世紀後半、サンタ・カロリーナ、サンタ・リタ、コンチャ・イ・トロといった大地主や貴族が経営する大規模ワイナリーが続々と設立。これらの大手は今日までリーダー的役割を果たしている。またミゲール・トーレスやシャトー・ラフィット・ロートシルト、ロバート・モンダヴィなど、海外からの資本投資も盛んである。

※9　土地が安く、人件費も安い。海外からの資本で醸造設備等が調達できるので、コストが抑えられる。

世界のワイン醸造家たちが、チリに資本投入する理由は？　チリはワイン栽培の楽園なのか？　答えは〝Ｙｅｓ〟である。

チリとフィロキセラ[※10]の関係がそれを物語っている。19世紀末、ヨーロッパやオーストラリアのブドウ園を襲ったフィロキセラ。この1ミリにも満たない害虫によってブドウ畑は壊滅的な被害を受けた。フランスやスペイン、イタリアなどのワイン醸造家たちはチリに移住し、新天地でヨーロッパのワイン造りを伝えた。

現在、チリには100年を越すブドウの樹がある。フランスの樹はフィロキセラによって壊滅状態になってしまったが、チリのブドウ樹は生き続けている。ブドウの樹齢が古いと収穫できるブドウの実は少ないが、ブドウそのものはより凝縮し、味わい深いものになる。

チリにフィロキセラが生息しないのは、地理的[※11]な要因が考えられている。乾燥した気候は害虫には無縁で、農薬も微量で済むのだ。無農薬や有機栽培を謳わなくても、チリのワイン栽培は自然体ということだ。

チリのワイン産地[※12]は5つの地区に分けられる。中でも注目の産地は、アコンカグア地区にある「カサブランカ・ヴァレー」や、セントラル地区の「マイポ・ヴァレ

※10　ブドウ根アブラムシ。詳細は65ページ注釈7参照。

※11　東西南北をアンデス山脈、太平洋、南極海、砂漠で囲まれ、雨が少なく乾燥気味の気候。

※12　「アカタマ」、「コキンボ」、「アコンカグア」、「セントラル」、「サウス」の5地区。

ー」である。カサブランカ・ヴァレーは1990年代になってブドウが植えられたが、涼しい海風の影響もあり、この地で造られるシャルドネは実に魅力的である。また、マイポ・ヴァレーは高貴品種栽培の歴史が古い地域として知られており、チリワインの中心地になっている。サンタ・カロリーナやコンチャ・イ・トロなどの大規模ワイナリーもある。

19世紀末、ボルドーから持ち込まれたブドウの樹は、害虫の被害を受けることなく根づいた。ボルドーの伝統的な醸造法と最新技術が融合し、トップクラスのワイン造りを実現させたチリ。〝青は藍から出でて、藍よりも青し〟になる日も近いのか。チリワインへの熱い視線は当分続きそうである。

オーストラリアワインなら、樽香のするシャルドネから？

ブラッド・ピットがジェニファー・アニストンと婚約！ というニュースが流れていた頃の話。ミーハー気分で出かけた試写会で思いがけない発見があった。ブドウ品種を具体的に語るシーンがあったのである。従来、スクリーンの中にワインが登場する時は「ドン・ペリ」とか「ラ・ターシュ」といった固有名詞が当たり前だった。しかし、この映画では〝ブドウ品種そのもの〟について触れられていた。ヴァラエタルワインの普及によって、ワインの登場の仕方も変化している。

映画のタイトルは『私の愛情の対象』。ロマンティック・コメディなのだが、男女の愛が普通とは違う。主人公のソーシャル・ワーカー、ニーナ（ジェニファー・アニストン）が好きになる男も、彼の仲間たちも……実はゲイだったのだ。

ニーナには弁護士の恋人がいる。ただし別居結婚中。一緒だと息苦しくなるという理由で同居はしていない。彼女は義姉夫婦が主催するパーティで、小学校の先生をしているジョージを紹介される。彼はゲイの恋人に振られたばかりだ。住むところがなくなってしまったジョージに、ニーナは自分のアパートの一部屋を提供する。もちろん、ゲイだと知っていたし、何かが起こるなどとは考えてもみなかったからなのだが……ニーナは彼に恋をしてしまった。予想外の展開にジョージも当惑していた。心では彼女を愛しているのに、体は男を求めてしまうのだ。常識だけでは、計り知れない男と女の関係。

その後、ジョージは演劇評論家ロドニーの邸宅に下宿している役者志望のポール

私の愛情の対象
1998年・米／ニコラス・ハイトナー監督／ジェニファー・アニストン、ポール・ラッド、アラン・アルダ

を愛してしまう。ある日のこと、外出から戻ったロドニーは応接室の見慣れぬバッグに目を留める。ジョージのものだった。ロドニーは部屋にいるはずのポールに声を掛ける。ふたりは愛し合っていた。老齢のロドニーは秘蔵っ子ポールの心変わりに傷つき、ショックを受けるが、冷静さを装いながら彼らの登場を待つ。

揃ってやってきたふたりに、ロドニーは問い掛ける。

「ワインでも飲むかね?」

「(ジョージに) 君だったのか」

「掛けたまえ。最近、オーストラリア産のシャルドネに凝っていてね。試すかね?」

ワインを断るジョージと、グラスに注がれたワインを飲むポール。

映画の中のロドニーは、オーストラリア産のシャルドネにハマっているという設定だ。ニュー・ワールドの中でも、オーストラリア産とカリフォルニア産は大成功を収め、高い評価を得ている。日本でもオーストラリア産のシャルドネは好調である。

「シャルドネほど香りの個性があるブドウはない」と語るワイン醸造家がいる。「マ

✣ **ウルフ・ブラス・ゴールド・ラベル・シャルドネ 2002**

Wolf Blass Gold Label Chardonnay 2002

ウルフ・ブラス社自慢の白ワイン。フレンチ&アメリカンオークで4カ月熟成させた、豊かなコクの贅沢なシャルドネ。問：メルシャン　オープン価格

※13　ブドウ本来の香り（第1アロマ）、発酵によって生成される香り（第2アロマ）。また、ワインが熟成していく過程で生じる香りを「ブーケ（第3アロマ）」という。

スカットのように際立ったアロマ[※13]をもつブドウではないが、シャルドネ本来のアロマはとても豊かなのだ」という意見だ。しかし一般的には、白ブドウ品種であるシャルドネは「他のブドウ品種ほど香りに個性がないのが特徴」と言われている。強烈な香りを発散しないので、親しみやすい品種なのだ。

このブドウ最大の特徴はオーク樽[※14]との相性が抜群に良いことだ。シャルドネを樽で熟成させると、ワインに樽からの成分が抽出され、芳醇な味わいを備えたワインに変身させることができるという。ワイン醸造家たちはシャルドネを使って自分好みのワインを造り出し、飲み手は造り手のお手並みをじっくり拝見できるというわけだ。

ステンレスタンクで低温発酵[※15]させたシャルドネはフレッシュで果実味がたっぷりあるワインになる。一方、オークの小樽[※16]で熟成させると、複雑で豊かな風味をもつワインになる。世の中のシャルドネファンの中には、〝樽の香り〟に惹かれて、シャルドネ好きになっている人が結構いるようだ。オーストラリアでは、白ブドウのシャルドネ、黒ブドウの「カベルネ・ソーヴィニヨン」や「ピノ・ノワール」などはフレンチオーク[※17]の小樽で熟成させている。近年、ブドウ品種によって樽の焼き方[※18]

※14 オークは普通「樫」と呼ばれるが、正確には「水楢（みずなら）」のこと。

※15 一般的に発酵の温度は白ワインで15〜18度くらいだが、低温発酵は10度。赤ワインの発酵温度は30度前後である。

※16 樽の大きさは、ボルドーでは225リットルの「バリック」、ブルゴーニュでは228リットルの「ピエス」である。これらの小樽はもっぱら高級ワイン造りに使われる。

※17 代表的なフレンチオークの産地は「トロンセ」、「ヴォージュ」、「ヌヴェール」などで、長期熟成ワインに向くのはトロンセ産。

※18 焼き方の軽い順に「ライトトースト」、「ミディアムトースト」、「ヘビートースト」となる。

も変えており、シャルドネはミディアムトーストで、樽材も木目の細かいトロンセ産（フランス中部）がいいと言われている。

不細工だと、お化粧は無駄!? ブドウも品質が良くなければ樽も無駄!?

シャトー・コス・デストゥールネルの元オーナー、ブルーノ・プラッツが、チリで経営する「ヴィーニャ・アキタニア」の宣伝のために来日して行ったテイスティング・セミナーでのこと。「樽の使用」について質問されたプラッツは非常にユニークな回答をしていた。「樽を使うということは、化粧のようなものだ。ブドウの品質が良くなければ樽を使っても意味がない。ブドウがしっかりしていて初めて使えるのだ」と。続けて「女性の化粧も素顔が良くなければ、化粧しても無駄なのと同じことだ」と。過激なご意見。面白い！　それに一理ある。ただ化粧の効果は、プラッツが言うような部分だけではない。老人ホームで意気消沈している老婦人を元気づけたり、顔にヤケドを負った人を社会復帰させたり、といった面もあるのだ。彼の考えからすると、このようなブドウたちは、どんな樽を使っても美味しいワイ

※19　メドックのグラン・クリュ第2級のシャトー。スーパー・セカンドと呼ばれ、準第1級の評価を得ている。我が国には、このシャトーの熱烈なファンが多い。

ンにはなり得ないということになるのだろう。でも、例えるならもうひと工夫をしてほしいところだ。

ヴァラエタルワインが主流のワイン界で、世界的アイドルのシャルドネは辛口の白ワインに仕立てられることが多い。

オーストラリアで辛口タイプのワインが評判を得るようになるまでには、かなりの年月を要した。当初はシェリーやポートのようなスタイルの甘口アルコール強化ワインが人気だったのだが、やがてテーブルワインの時代へとシフトしていく。それもワインブームの初期の頃はリースリング[※20]から造られる甘口[※21]白ワインが好まれ、食事との組み合わせを楽しむようになってから除々に辛口嗜好に変化したのである。

オーストラリアが世界に誇る逸品、赤ワインの「グランジ」も〝辛口〟[※22]という理由で不遇な時代を過ごしたこともある。

グランジと言えば……洋酒メーカーにいた頃、ペンフォールド社のワインを扱っていたので何度かグランジ（当時は「グランジ・ハーミテージ[※23]」という名前だった）を飲む機会に恵まれた。「オリがある、黒くて濃いワイン」というのが当時の印象

※20　オーストラリアで「リースリング」と呼ばれていたのは「セミヨン」や「クルーシェン」から造られた白ワインのことで、ドイツ原産のリースリングは「ライン・リースリング」と呼ばれる。

※21　ブドウの中の糖分を全部発酵させると「辛口」に、発酵を途中でやめると「甘口」になる。

※22　通常、赤ワインはブドウの糖分を全部発酵させるので辛口タイプになる。

※23　ローヌ地方のブドウ品種「シラー」を使っているので、以前は産地名の「エルミタージュ（Hermitage）」からとって、グランジ・ハーミテージと呼ばれていた

なのだが、今では入手しにくい〝幻のワイン〟になっている。グランジを例えて言うと、素質の際立っていた子が、ある日突然ハリウッドの大スターになってしまったというような感じである。ずいぶん遠い存在になってしまったものだと思う。グランジは「シラーズ」[※24]が主体の赤ワインで、「カベルネ・ソーヴィニヨン」との混醸である。[※25]アメリカンオークの新樽で18〜24カ月熟成させて造るが、寿命の長さが際立っている。

オーストラリアワインの歴史は1788年、イギリスのフィリップ総督がシドニー港のそばにブドウの苗木を植えたのが始まりだ。18世紀、ブドウ畑の開拓が進められるが、ブドウ栽培に適した土地はなかなか見つからず、徐々に内陸部に移動。そして1825年、ハンター・ヴァレーに本格的なブドウ畑が作られることになる。

オーストラリアのワイン産地は大きく6つに分類できる。同国のワイン生産の中心地「南オーストラリア州」、ワイン発祥の地「ニュー・サウス・ウェールズ州」、秀逸なシャルドネやピノの産地「ヴィクトリア州」、注目の新興ワイン産地「西オーストラリア州」、マイナーな産地のイメージを一新、変化著しい「クイーンズラ

✣ペンフォールド・グランジ 2003
｜Penfolds Grange 2003
南半球を代表する高級赤ワインはアメリカンオークの新樽で熟成させる。長期熟成で本領を発揮するタイプ。問：ファインズ　オープン価格　※写真は1990年のもの

※24　オーストラリアではシラーのことを「シラーズ」と呼ぶ。この国ではシラーズからワインを造る時、ほとんどアメリカンオークを使用している。

※25　「ラクトン（ココナッツのような風味を与える物質）」が出やすいので、それを避けたい時は、樽での熟成期間を短くしたり、樽の焼き方を加減する。

ンド州」、そして地球温暖化の好影響下にある「タスマニア州」である。

オーストラリアの象徴・カンガルーのラベルとイタリア原産ブドウ・ドルチェットの関係は？

全世界で1億ドル以上の興行収入をあげた『シャイン』のスコット・ヒックス監督は、南オーストラリア州のアデレードで生活しているが、２００７年秋に公開された『幸せのレシピ』に、彼が所有するワイナリーのワインが登場していた。

映画の舞台はニューヨーク。主人公は人気のレストラン「22ブリーカー」で料理長を努めるケイト（キャサリン・ゼタ＝ジョーンズ）。美人で仕事熱心、腕もいい。ただし、妥協を許さない性格が災いしてトラブルを起こすこともしばしばだ。

オーナーのポーラ（パトリシア・クラークソン）が数名のスタッフとテイスティングしている場面に「第1のワイン」が登場する。ボルドー型グラスに注がれた赤ワインを手にポーラが訊ねる。

「２００２年のドルチェットよ、産地はどこだと思う？」

彼女の問いかけに、スタッフのひとりが素早く答える。

幸せのレシピ
２００７年・米／スコット・ヒックス監督／キャサリン・ゼタ＝ジョーンズ、アーロン・エッカート　問：ワーナー・ホーム・ビデオ　３９８０円

「ピエモンテ！」

でも産地はイタリアのピエモンテではなく、南オーストラリア州のアデレード・ヒルズだった。

ドルチェットはピエモンテ原産のブドウなので、スタッフの回答は理にかなっている。イタリア語のドルチェ（〝甘い〟の意味）に由来するドルチェットは、酸味が控えめなので口中では甘く感じられることから、その名がついた。果実味が豊かでまろやか、一般的には若飲みタイプのワインと言える。

そして、ふたつ目のワインが登場するのは、片づけが終わりスタッフが帰ったレストランの厨房。ケイトの人生に大きな影響を与えることになるニック（アーロン・エッカート）とワインを飲みながら語り合うシーンだ。今までニックに反発していたケイトが彼に心を溶き始める大事な場面。でもスクリーンから見えるのはボルドー型のグラスとボルドー瓶と裏貼のシールだけ。ワインの銘柄の判読は……難しそうだ。

帰宅後にプログラムを読んでいて、面白い発見があった。ヒックス監督が、妻であり映画制作のパートナーでもあるケリー・ヘイセンとアデレードで暮らし「ヤッカ・パドック・ヴィンヤーズ」というブドウ園を所有していることがわかったのだ。オーストラリアの有名なワイン評論家ジェームズ・ハリデー著『オーストラリアン・ワイン・コンパニオン2007』で調べてみると、このワイナリーの項に「アデレード・ヒルズ・ドルチェット2002」というワインを見つけた！　ハリデーはそのワインに4つ星評価（最高5つ星）をつけていた。

思い切ってワイナリーにメールを送信してみた。3日目にヒックス夫人から返事が届いた！　そこには「明日ワインを送ります。あなたに送る『ドルチェット2002』と、キッチンでケイトとニックが飲んでいた『アデレード・ヒルズ・シラーズ・タナ』は私がオーガナイズしたものです」と書いてあった。映画に登場していた2種類のワインは彼ら自慢のワインだったのだ。

ワインボトルにある〝ロゴ〟は、カンガルーがカメラを覗いている絵柄。監督らしい、センスのあるデザインだ。2000年に設立したワイナリーはアデレード・ヒルズの標高350メートルの場所にあり、年間生産量はわずか500ケース。白ブドウは「シャルドネ」、「リースリング」、「ソーヴィニヨン・ブラン」、「アルネイ

アデレード・ヒルズ・シラーズ&タナ2004
ADELAIDE HILLS SHIRAZ & TANNAT 2004
『幸せのレシピ』の監督夫妻が所有するワイナリーで生産しているシラーズ80%&タナ20%の赤ワイン。タナは南西フランスで古くから栽培されてきた品種で色調が濃く、酸味は高く、長期熟成が可能。※参考品

ス」、黒ブドウは「ピノ・ノワール」、「メルロ」、「カベルネ・ソーヴィニヨン」、「シラーズ」、「タナ」、「テンプラニーリョ」、「デュリフ」、そして「ドルチェット」を栽培している。

オーストラリアワインのカテゴリーは大きく2種類に分けられる。「セミ・ジェネリックワイン」と「ヴァラエタルワイン」で、前者はカリフォルニアと同様、ヨーロッパの有名産地をワイン名にしている。後者はブドウ品種をラベルに記載してあり、誰もが親しめるラベル表示になっている。またオーストラリア独自のものに上質ブドウ品種をブレンドした「ヴァラエタル・ブレンド」[※26]もある。

オーストラリアではブドウの収穫が北半球と半年ずれるので、カリフォルニアや南仏、東欧のワイン醸造家との技術交流が盛んに行われている。フライング・ワインメーカー[※27]と呼ばれる若い醸造家たちは、ニュー・ワールドの産地を刺激し、高品質で値頃感のあるワイン造りの手助けをしている。かつてヨーロッパからの移民たちは新天地オーストラリアを開拓していった。今では逆に、オーストラリアの若手

※26　使用したブドウの比率が多い順に品種名がラベルに記されている。

※27　南半球のワイン醸造者たちは、北半球の収穫が近づくと飛行機で移動し、ワインの醸造に従事する。そのような人たちの呼称。

醸造家が世界の国々に新しい創造を運んでいる。

ニュージーランドワインの底力を見せたのは〝世界一〟との評価を受けた、あの「ソーヴィニヨン・ブラン」

ニュージーランドは北島と南島に分かれている。前者は比較的暖かく、後者は冷涼な気候である。ニュージーランドのワイン造りは1819年からで、オーストラリアから派遣された牧師[※28]が北島の北東海岸にブドウを植えたところから始まる。

ワイン産地としては後発と言えるニュージーランド。遅れてスタートした分、先発組の利点を上手に取り入れ、同国が得意とする園芸技術をワイン栽培に応用して成功を収めている。近年、この国の赤ワインが大ブレイクした。「プロヴィダンス」[※29]である。ポムロールの銘醸[※30]ワインと肩を並べるだけの実力をもつと言われている。生産者はジェイムス・ヴルティッチ。彼の本業は弁護士。1990年に植えられたブドウの初ヴィンテージは1993年で、そのバランスのとれた味わいは世界中のワイン愛好家を驚かせた。

※28　サムエル・マースデン牧師が本国から100種類余りのブドウの苗を持ち込んだ。

※29　オークランド・マタカナの小規模ワイナリー。「プロヴィダンス」は〝摂理、神意〟を意味し、農薬、化学肥料一切不使用、亜硫酸無添加の自然派ワイン。

※30　シャトー・ペトリュス、ル・パンなどを指す。

ニュージーランドワインの底力を最初に世界に知らしめたのは、白ワインであった。南島の北端マールボロにあるワイナリー「クラウディ・ベイ」の「ソーヴィニヨン・ブラン」である。このワイナリーの創設者デヴィッド・ホーネンはオーストラリア人であり、西オーストラリアのマーガレット・リヴァーにあるケープ・メンテル[※31]のオーナーでもある。ニュージーランドから彼のもとにやってきたワイン生産者たちのソーヴィニヨン・ブランを味わって開眼した彼は、この地にワイナリーを作り、世界的名声を得る白ワインを完成するに至る。ニュージーランドのソーヴィニヨン・ブランの秀逸さについてはイギリスのワイン評論家ヒュー・ジョンソンも太鼓判を押している。「この地区の溌剌《はつらつ》としたソーヴィニヨン・ブランに対抗できるものは、どこの地域を捜してもない」と。

かつてのニュージーランドワインと言えば中途半端に甘いキウィ・ワインしか連想できなかったが、ここ30年の変化には目を見張るものがある。

ワイン醸造の成功は、ニュージーランドが高品質のワイン生産国であることを世界に認識させた。ワイン産地の開発は進行中であり、今後の発展が大いに期待できる国である。

✣ プロヴィダンス プライベートリザーブ2005
Providence Private Reserve 2005
ワイン評論家スティーブン・タンザーの評価により世界的な注目を浴びた赤ワイン。「メルロ」と「カベルネ・フラン」、「マルベック」の混醸。問：三国ワイン　2万265円（税抜）

※31「ケープ・メンテル」、「クラウディ・ベイ」はモエ ヘネシー傘下のワイナリー。エステーツ&ワインズに属する。

アルゼンチン、チリ、オーストラリア、ニュージーランド以外にも、素晴らしいワイン産地はたくさんある。17世紀半ばからワイン造りに励む南アフリカは良質なワインを生産し続けているし、東欧のワイン伝統国ブルガリアは新規ブドウ園や醸造所の独立が進み、南半球の生産者たちとの技術交流によって安価でおいしいワインを造り出している。またハンガリーは醸造設備の導入や海外からの資本投入により、近代的ワイン生産国としての転換を図っている。

仮に今、貴方が「プロヴィダンスなんて知らない！」と言ったとしても、1年後はわからない。トラピチェの例もあるのだから……。

ニュー・ワールドとは何が起きても不思議でない、可能性を秘めたワイン産地なのだ。

クラウディ・ベイ ソーヴィニヨン・ブラン2007

Cloudy Bay Sauvignon Blanc 2007

ニュージーランドワインの実力を示す1本。豊かな果実味と颯爽とした酸味の白ワイン。問：MHD ディアジオ モエ ヘネシー　3675円

第 8 章

Manners

ワインのマナー

1999年の夏、ソムリエが晴れて「職業分類表」[※1]に加えられることになった。今までソムリエという職業が分類表に入っていなかったなんて信じ難いことなのだが、事実である。ソムリエは「ソミエ」が語源。重荷を運ぶ男衆のことを意味していたソミエは、時代とともに変化し、宮廷で食卓を整えたり、給仕の準備を担当する宮廷役人の呼称になっていった。今ではホテルやレストランでワインを専門的にサービスする職業をいう。社団法人日本ソムリエ協会認定ソムリエは2008年11月現在1万3409名。ワインアドバイザーは1万4335名、ワインエキスパートは6351名で、総有資格者数は3万1195名となっている。

ホスト・テイスティングにプレッシャーは不要
色、香り、味のみを簡単に確認しよう

「レストランに行ってワインを注文しようと思っても〝テイスティングを〟と言われるのが嫌で」という人が意外に多い。ソムリエから見られているだけで緊張してしまうとか、作法がよくわからないといった理由から敬遠されているようだ。

そこで、内気なワインラヴァーたちにマスターしていただきたいホスト・テイス

※1 「ハローワーク」などの求人欄で使われる職業名を分類したもので、この年大幅に改訂された。

ティングを……。まず最初にワインの色をチェックしよう。液体は濁[※2]っていないか、色の濃淡[※3]や清澄度[※4]はどうか。次は香り。鼻[※5]をつくような異臭や、カビ臭さがなければOKである。最後は味見で、口に含んで違和感がなければ、ソムリエに「結構です」と伝えよう。それで十分。香りを利き、味見をした時、果実味を全然感じないようであればソムリエに質問してほしい。ワイン自体に問題はなくても、その理由がわかるし、欠陥ワインという可能性もあるからだ。とは言え、その〝果実味〟自体、どのように理解すればいいのかわからないこともあると思うので、ソムリエには遠慮しないで聞いてみよう。

ここで気をつけたいのは、注文したワインがイメージ通りのタイプかどうか、飲んだ時の温度が適当かどうか。「爽やかな酸のあるフルーティで軽めの白ワイン」、あるいは「十分なアルコールとボリューム感のある赤ワイン」といった具合にリクエストをしたのであれば、ワインがその要求に応えてくれているか。またワインを口にした時、もっと冷たくして飲みたければ「もう少し、冷やしてください」と頼めばいい。そして、テイスティングの時間は可能な限り〝短めに〟。ワインスクールに通う人たちが増えたせいで、やたらにグラスを回し、コメントしている輩《やから》を見

※2　ワインは蛋白質による白濁や、微生物による濁りを生ずることがある。

※3　ワインの年齢や熟成状態などを知る目安になる。

※4　健全なワインには輝きがある。

※5　一例として酸化防止剤として使われている「亜硫酸」の量が多すぎると鼻にツンとくる臭いがしたり、直射日光を浴びたワインからは卵の腐ったような臭い（硫黄臭）がする。

かけるようになったが、ホスト・テイスティングでは必要ない。テーブルで一緒にお食事を楽しもうというお仲間のためにも、手早く済ませることが肝心である。

お気に入りのワインに出会ったらぜひ、ラベルのコレクションを！

レストランで飲んだワインが気に入ったら、さて、どうするか。ワインを記憶に留めておきたいと思ったら、ソムリエに速やかに〝ラベルの持ち帰り〟をお願いしよう。デザートを食べている間には、記念のラベルが届くはずである。かつてはボトルをお湯につけ、ソムリエたちが懸命にラベル剥がしをしてくれた。私もホテルやレストランで飲んだラベルのコレクションをしているが、手元にあるラベルを見てみると、それぞれのお店の個性がよく出ていて懐かしい気分になる。素敵なメッセージ入りだったり、豪華な台紙に貼られたラベルの横に担当ソムリエのサインが記されていたりして……。

画期的な発明「ラベル剥がし」[※6]が登場してからは、昔のように苦労してラベルを剥がす必要がなくなってきた。透明の粘着テープをボトルに貼りつけ、表面を鉛筆のような尖った物でこすってラベルを剥がし取ればいい。台紙の裏には自由にコメントを記録できるスペースがあるし、ラベルを貼ったシートをワイン専門店に持っていけば、目指すワインが見つかるという利点がある。

昨今、デジタルカメラを利用して料理やワインを撮る人が多い。確かに、ラベル剥がしより、画像を取り込んで記録しておくほうが楽だ。ただ、他のお客様への気配りは大事。お店のスタッフやソムリエにもひとこと撮影の許可をもらってから、をお忘れなく。

プロのテイスティングは過酷！〝お歯黒〟への道をまっしぐら

レストランで食事をしながらワインを飲むのは実に楽しい。でも、ワインのプロたちのテイスティングは……これが大変なのである。女性にとっては美容上の〝苦痛〟すら伴う。

プロがテイスティングする場合、スピトーンを用意する。全てのワインを飲んでいたら体がいくつあっても足りないし、口に含み、その後吐き出してしまうのがお

※6　ワイン専門店やデパートのワイン売り場で「ラベルコレクション」、「ラベルホールダー」といった名前で売られている。

約束だからである。スピトーンはそのための道具である。

世界中から約1500アイテムのワインがエントリーして行われた「ジャパン・ワイン・チャレンジ」でのこと。4〜6人が組になり、それぞれに分かれてブラインド・テイスティングによる審査を行うのだが、試飲したワインの本数は一日当たり80本弱だった。アルコール好きなら「そんなに飲めていいですね」と言うであろう。でも、プロのテイスティングはそんなに甘いものではない。グラスに注がれたワインの色を見て、香りを利いて、味をみて、全体の評価をして採点。チーム全員が点数を発表し、責任者であるチェアマンと意見交換しながらワインを1本ずつ評価していく。ワインは次から次と運ばれてくるから、テイスティングし続けるしかない。その結果どうなるかと言うと……唇は紫に染まり、歯もお歯黒状態。舌の表面も見事に紫色に染まってしまう。鏡の前に立つ自分が無気味に見える瞬間だ。歯ブラシで歯を磨けばいいのだが、テイスティングの途中はできない。ワインの味が変わってしまうからだ。

面白い話を聞いた。札幌に住むワイン歴25年の歯科医師の方によると「セラミックの歯はワインのポリフェノールに染まらないが、健康な歯の人は染まってしまう」

という。テイスティングでお歯黒の役目をしているのは、ポリフェノールなのである。果皮からの色素成分アントシアンや、種子からのタンニン、カテキンなどの総称だ。赤ワインと健康で話題になったあのポリフェノールである。

恋人とデートした時、赤ワインをたっぷり飲めば、当然歯も染まる。お歯黒状態になった彼女や彼の笑顔を見ても愛する気持ちに変わりがなければ、ふたりの愛は本物と言えるだろう。それは、健康な歯をもっている証明でもあるのだ。全ての歯をセラミックにした芸能人がいたが、どれだけ赤ワインを飲んでも白い歯でいられるなんて、ちょっぴりうらやましい気分である。

ワインをおいしく楽しむには グラスのステムを持って

ワインを飲む場合、グラスの持ち方に決まりはないが、やはりステム（脚の部分）を持つほうが綺麗に見える。甘口のデザートワインや、白ワインは冷たくして運ばれてくる。せっかくの冷たさを美味しく味わうためには、やはりステムを持って飲みたい。グラスを持つ手がステムの部分にあたっていると、自然に見えるし、何よりワインを飲む時に安定する。

レオナルド・ディカプリオ主演の映画『仮面の男』[※7]の中でも、ステムに関するシーンが出てくる。

ルイ13世に仕えた伝説の三銃士のひとり、アトス（ジョン・マルコヴィッチ）は、ルイ14世（ディカプリオ）の陰謀で最愛の息子を失って以来、ルイへの復讐を狙っていた。そんな折、三銃士のひとりアラミス（ジェレミー・アイアンズ）からバスティーユ牢獄にいる「仮面の男」の話を聞く。国家の不和と戦乱を避けるため、とらわれの身になっているルイ14世の双子の弟フィリップ（ディカプリオの二役）のことを……。そして冷酷な国王ルイとフィリップの〝入れ替え〟を計画する。アトス、アラミス、ポルトス（ジェラール・ドパルデュー）の3人は脱獄させたフィリップに馬術、剣術、ダンス、テーブルマナーなど、国王として必要な宮廷作法を教え込む。

「こう持ちます。召し使いが触れたグラスです。王は指先だけで持ちます」

グラスは2本の指で……と指導するアトスは、親指と人さし指でステムを持っているが、慣れないフィリップはグラスを落としてしまう。

※7　97ページ『仮面の男』注釈参照

映画に登場するワイングラスは台の部分が朝顔を逆さまにしたような三角形になっていて、ステム中央部が少し膨らんで張り出している。「聖杯」のフォルムから着想を得たと思われるグラスだ。このシーンでは、高貴な者はステムの上のほうを軽く持ち、召し使いはステムの下のほうを、と教えている。

ドイツのワイングラスには「聖杯」に似ているものが多い。地理的な面からみても、ドイツとの国境にあるフランスのロレーヌ地方は隣国から多くの影響を受けていると思われる。世界一流のグラスメーカーである「サン・ルイ」[※8]も「バカラ」[※9]もこの地方からスタートしている。

シャンパンはコルクを飛ばさない！ プシュッという音だけで抜くのがワイン通

映画『星の王子ニューヨークへ行く』はアフリカの小国の王子が大都会ニューヨークで花嫁探しをするという明快なストーリーだ。アキーム王子（エディ・マーフィ）は世話係のセミ（アーセニオ・ホール）を従え、未来のクィーンを探しに下町のクィーンズへやってくる。「ブラックは最高集会」で見かけたリサに惹かれたア

※8　サン・ルイは1580年創業の歴史あるメーカー。1767年、ルイ15世から「王立サン・ルイ工業」に指定された。

※9　バカラ発祥の地は1764年、フランス東部ロレーヌ地方バカラ村。

星の王子ニューヨークへ行く
1988年・米／ジョン・ランディス監督／エディ・マーフィ、アーセニオ・ホール
問：パラマウント ジャパン
1500円

キームは身分を隠して、彼女のいるハンバーガーショップ「マクドゥエル」で働き始める。ある日のこと、店に押し入った強盗を退治したアキームとセミは、マクドゥエル邸のパーティに招待される。ところがアキームはシャンパンの給仕係、セミは駐車場係として呼ばれたのだった。

成金趣味のマクドゥエルはご自慢の家を披露した後、アキームに言う。

「シャンパンの開け方は？」

「見たことはあります」

「景気良く注いでくれ」

映画の中でも日常生活でもシャンパンを抜栓する時には〝景気よく〟ポーンと泡立てて開けることが多いのではないだろうか。でもワインを知っている人はポーンではなく〝プシュッ〟という音だけでコルクを抜く。シャンパンが吹きこぼれるのを嫌い、中のシャンパンにダメージを与えないようにするためだ。またシャンパン瓶内の気圧は5〜6気圧もあるので、抜栓の際のコルク・ミサイルも危険だ。

王子であるアキームは自分でシャンパンを抜栓した経験はなかったようだが、シャンパンを開ける時の注意は〝瓶を十分に冷やし〟、そして〝瓶を揺らさないように〝心がけることだ。

シャンパンの〝望ましい開け方〟は、手順としてまず①キャップシールを剥がし、②コルク栓を押さえている針金をゆるめる（この時点でコルクが飛ぶこともあるので、コルクの頭はしっかり押さえておく）。③片手でコルク栓を押さえ、もう一方の手でボトルの底を持ち、ボトルをゆっくり回転させる（この時、ボトルの傾きは45度が理想的）。④コルクが動き出したら、逆にコルク栓を押さえつけるような感じで静かに栓を持ち上げる。⑤最後にコルク栓だけを少し傾け、隙間からプシュッとガスを逃がす。ソムリエはじめワインのプロはこのようにしてシャンパンを開けている。

貧乏生活に嫌気がさしたセミは王宮での優雅な生活が恋しくなり、おんぼろアパートを豪華に改装してしまう。部屋の真ん中に置かれたバスタブにつかりながら、セミは満足そうにシャンパンを飲んでいる。王宮御用達の「キュヴェ・ドン・ペリニヨン」だ。

〝キュヴェ〟はシャンパン製造ではブドウの「一番搾り」のことだが、フランス語では「桶」を意味する言葉だ。風呂桶（バスタブ）につかりながら、ドンペリを飲むというのは、案外、正しい飲み方なのかもしれない。

ワインを開けたが残ってしまった。そんな時のために便利なグッズがある。「シャンパンストッパー」と「バキュバン」[※10]である。シャンパンが残ってしまったらシャンパンストッパー。これで栓をしておけば、翌日になっても大事な泡が消えることはない。通常のワインならバキュバンを使って保存しておこう。

コルクスクリューの存在も忘れてはいけない。1本あればとても便利な「スクリュープル」はどんな人にもおすすめだ。グリップ部分を持って、時計回りに回転させていればコルクが簡単に抜けてしまう仕掛けになっている。保守的なフランスでも人気の、NASA開発の商品だ。かつてはヨーロッパ発のコルクスクリューやソムリエナイフが世界の要になっていた。今ではスクリュープルのようなアメリカ発のものが人気者になっている。

今、ワインの世界は大きく〝変化〟している。その変化の波は我々の身近なところまできている。

※10 ボトル内部の空気を抜き取って真空にする器具。ワインの酸化を防ぎ、フレッシュさを保つ。

「ワイン・ジャパン・チャレンジ」でのできごとがその先駆けだ。「シャトー・メルシャン北信シャルドネ1998」が、世界中からエントリーされたシャルドネ種の中から、〝ベスト・シャルドネ〟の栄誉に輝き、日本のワインが世界のワインと互角であることを示したのだ。

ワインのマナーも然り。〝高級〟というイメージばかりが先行していたワインも、今では身近で親しみやすい飲みものとして多くの人に愛飲され、日常の食卓に登場する機会も増えた。でも、ワインこそ〝自然体〟で飲みたい。背伸びをせず、リーズナブルで自分がおいしいと思ったワインを気がねなく楽しむ、そのような飲み方こそが何より自然だ。自然に振舞うことこそが、一番のマナーなのだから。

あとがき

ワインを飲む楽しみは、知る楽しみによってさらに深まる——。

本書のベースになっている『おいしい映画でワイン・レッスン』を出版した時、尊敬するワインの師、麻井宇介先生から拝受したお葉書にあった言葉です。

「(中略)昨夜、南アフリカから帰国し、いまやっと荷物を片づけ、御本を手にしたばかりです。ワイン書もこういう書き方があるんだなあと感心しながら拾い読みをしたところでペンをとりました。ワインを飲む楽しみは、知る楽しみによってさらに深まります。書き手の腕のみせどころもそこにあると思います」。このエールは本当に嬉しいものでした。2000年5月のことです。

あれから8年経ちました。昨春、ホテルオークラ『ワインアカデミー』で「映画とワイン」の講座を担当することになり、受講生の皆様からの力強い応援をいただいているうちに、絶版になっている愛すべき初版を「復活させたい!」と思うようになりました。そして、枻(エイ)出版社によって、夢を叶えることができました。素敵な装丁の新書の完成を目前にして、いま、亡き麻井先生から託された〝使命〟を強く感じている私です。

創刊から33年を経て、奇しくも今月休刊になるという月刊誌『PLAYBOY日本版』。その創刊号から編集に携わり、いつもカッコいい仕事をしていたのが亡きパートナーです。彼の素敵な誌面を重厚な写真で盛り上げてくれたのが写真家の帆足侊冗氏。再版に関しては、私とも柑出版社の根本健専務とも長い付き合いのある氏が橋渡し役になってくれました。根本専務は仕年の4コマ漫画『クリちゃん』その人なのですが、細身の根本専務の太っ腹の決断あっての拙者の再デビュー。お洒落な表紙も帆足氏の手によるものです。ご縁の糸が繋がって起こった出来事でした。

今回の行動を起こすきっかけを作ってくださった『ワインアカデミー』の櫻本竜二マネージャー、渡部明央ソムリエ、ありがとうございました！　ワイン界の最前線で取材できるチャンスをくださっている（社）日本ソムリエ協会にも改めて御礼申し上げます。

再編集にあたっては、イタリアワインの権威、塩田正志先生にもアドヴァイスをいただき、サッシカイア誕生のより詳細な経緯やフィアスコボトルの紐の秘密など貴重な情報を伺うことができました。画像協力してくださったワイン輸入元各社およびDVD販売各社の皆様にも心からの感謝を！　そして、終始、丁寧な編集作業でお付き合いくださった柑出版社編集推進部の宮本裕生リーダーをはじめとするフレッシュなメンバー大西洋、松元麻希、井上真紀、鈴木絵美里の各氏！　皆様の頑張りによって私は大いに助けられました。すべての皆様に感謝してやみません！

作中ワイン一覧

[Red Wine]

[White Wine]

[Rose Wine]

[Sparkling Wine]

作中映画一覧

DVDお問い合わせ先

角川映画（発売元）	☎03-5213-0704	www.kadokawa-pictures.co.jp/
紀伊國屋書店	☎044-874-9659	
ソニー・ピクチャーズ エンタテインメント	☎03-6721-2721	www.sonypictures.jp/
20世紀フォックス ホーム・エンターテイメント・ジャパン	☎03-3224-6350	www.foxjapan.com/dvd-video/
パラマウント ジャパン	0120-414-295	www.paramount.jp/
ユニバーサル・ピクチャーズ・ジャパン		www.universalpictures.jp/
ワーナー・ホーム・ビデオ	☎03-5251-6360	www.whv.jp/

ワインお問い合わせ先

アサヒビール	0120-011-121	www.asahibeer.co.jp/
アルカン	☎03-3664-6591	www.arcane-jp.com/
出水商事	☎03-3964-2272	www.izumitrading.co.jp/
ヴィノラム	☎03-3562-1616	www.vinorum.co.jp/
ヴーヴ・クリコ ジャパン	☎03-3478-5784	www.veuve-clicquot.co.jp/
エノテカ	☎03-3280-6258	www.enoteca.co.jp/
グッドリブ	☎03-3808-1561	www.goodlive.co.jp/
コンステレーション・ワインズ・ジャパン	☎03-5791-3337	www.cwines.co.jp/
サッポロビール	0120-207-800	www.sapporobeer.jp/
サントリー	0120-139-310	www.suntory.jp/wine
ジェロボーム	☎03-5786-3280	www.jeroboam.co.jp/
中川ワイン販売	☎03-3631-7979	www.nakagawa-wine.co.jp/
日本リカー	☎03-3453-2208	www.nlwine.com/
ピーロート・ジャパン	☎03-3458-4455	www.pieroth.jp/
ファインズ	☎03-5745-2193	www.fwines.co.jp/
フードライナー	☎078-858-2043	www.foodliner.co.jp/
ペルノ・リカール・ジャパン	☎03-5802-2671	www.pernod-ricard.com/fr
布袋ワインズ	☎03-5789-2728	www.hoteiwines.com/
三国ワイン	☎03-5542-3939	www.mikuniwine.co.jp/
メルシャン	☎03-3231-3961	www.mercian.co.jp/
モンテ物産	0120-348-566	www.montebussan.co.jp/
ラック・コーポレーション	☎03-3586-7501	www.luc-corp.co.jp/
ワイン・イン・スタイル	☎03-5212-2271	www.iwine.jp/
MHD ディアジオ モエ ヘネシー	☎03-5217-9777	www.mhdkk.com/

参考文献

[単行本]

The Oxford Companion to Wine
Jancis Robinson ／
Oxford University Press

The World Atlas of Wine
Sixth Edition
Hugh Johnson, Jancis Robinson ／
Mitchell Beazley

Discovering Wine
Joanna Simon ／
Simon & Schuster (New York)

ワインの分化史
白水社／
ジャン＝フランソワ・ゴーティエ／
八木尚子訳

ワインの自由
集英社／堀　賢一

「ワインの常識」と非常識
人間の科学社／山本　博

ロマネ・コンティ
[神話になったワインの物語]
TBSブリタニカ／
リチャード・オルニー／山本　博訳

比較ワイン文化考
中央公論社／麻井宇介

ワイン用葡萄ガイド
ウォンズ パブリッシング リミテッド／
ジャンシス・ロビンソン／
ウォンズ パブリシング リミテッド訳

ポケット・ワイン・ブック
早川書房／ヒュー・ジョンソン／
辻静雄料理研究所訳

ムートン・ロートシルト 芸術とラベル
Sotheby's

世界の名酒事典
講談社

自然派ワイン
柴田書店／大橋健一

酒類の社会文化面における調査研究
(社) アルコール健康医学協会

世界のワインカタログ
サントリー

ソムリエ・ワインアドバイザー・
ワインエキスパート教本
(社) 日本ソムリエ協会

ぴあシネマクラブ洋画編
ぴあ

大アンケートによる洋画ベスト150
文春文庫

[洋画] ビデオで観たいベスト150
日本文芸社／淀川長治、佐藤有一

The Bordeaux Atlas and
Encyclopaedia of Châteaux
Hubrecht Duijker & Michael Broadbent ／
Ebury Press

[定期刊行物]

WANDS
ウォンズ パブリシング リミテッド

[VIDEO]

ジャンシス・ロビンソン・
ワイン・コース
ラ・ラングドシェン

※本書に登場するワインやDVDなどの金額は、2008年10月28日現在のものです。また、但し書きのない限りは全て税込で表記しています。
※法人格の表記は基本的に省略しています。

映画でワイン・レッスン

2008年11月20日　第一版第一刷発行

著者　青木冨美子
発行人　角 謙二

発行・発売　株式会社枻出版社
〒158-0097 東京都世田谷区用賀4-5-16
販売部TEL03-3708-5181

印刷・製本　三共グラフィック株式会社

ISBN978-4-7779-1215-5
Printed in Japan

※本書は、2000年5月に講談社より発行された
『おいしい映画でワイン・レッスン』を再編集したものです。